地球環境

陸・海の生態系と人の将来

小松正之
望月賢二
堀口昭蔵
中村智子

森川海と人プロジェクト
「気仙川・広田湾調査」

各年度の調査を写真で振り返る。

▲気仙川河口上空から「奇跡の一本松」方面を撮影。p7 の同位置写真と比べて欲し

2019年

広田湾復興事業をドローン撮影で見る。
（東海新報社提供）

▲浜田川上空より古川沼を望む。

▲古川沼上空より広田湾を望む。

浜田川河口より広田湾を望む。▼

役場にて、元住田町林産課職員の紺野寿美氏と
勝美氏に山林・植栽行政と住民意識について伺った。

▲川原川を遡上するサケ。少ないが確認はできる。遡上でき産卵できるような砂利の場所があるのか疑問が残る。

原の現況調査。植樹されたマツは 40 ～ 60㎝程度の高さ。
たものを植樹したのか、2m を越えたものもある。

2018年

上：卵巣部分がなく黒色が池畔のウニ。（2018年7月）
◀下：広田湾の身が入りきらないカキ。（2018年9月）

の土砂流出調査。飯盛山の麓に流れる飯盛沢川の川底には、
際に出たと考えられる細かな砂が堆積し、下流へと流されている。

▼古川沼。（2018年9月）

▲新町長に就任された住田町神田謙一町長表敬訪問。
「森川海のプロジェクト」の概要を説明。

▲陸前高田市・戸羽太市長表敬訪問。
今後の調査方向性、計画概要を確認。

▲「工房めぐ海」を訪問。
地元農産物を使った手作り「おやき」などの郷土菓子を製造する。

2017年

▼米崎半島の付け根部分。両替漁港から続く垂直堤防が米崎半島手前まで完成済み。被害を受けた状態のままになっている箇所もあった。

▼10年ほど前からある採石場。田の土地改良の際に、掘り起こした砂利の代わって埋め戻す泥砂利用土石を採取している。

▲竹駒地区。矢作町徳前の採石場。
2018年までの予定で、土砂の採取が行われて
採掘に伴い出てくる水を貯めるための大きな
が設けられている。
工事事業者は一関市の企業。

2016年

◀矢作川流域。飯森採石場（高田町の盛り土へ使用か?）。（2017年3月）

川にかかる「一本橋」。（2016年8月）

▲大股川流域。
津付ダム建設予定地上空。
（2017年1月）

◀森林環境学習に力を入れる住田町種山高原「森の保育園 冬編」。それぞれの季節に応じた遊びで、楽しみながら自然の素晴らしさを学ぶ。（2017年1月）

旧上有住小学校校舎。▶
現在は住田町民俗資料館として利用されている。
（2016年8月）

◀上下：観察された植物や菌類。

◀上：耳吊り方式の養殖カキ。（両替港／２０１６年３月）
下：ホタテの貝殻に付着させたカキのタネ。（２０１６年３月）

▶震災前の広田湾。上空から望む。（東海新報社提供）

2015年

▲キャピタルホテル 1000 の上空より、防潮堤建設と嵩上げ造成が進む海側を撮影。（2016年1月）

▲気仙川河口上空から「奇跡の一本松」方面を撮影。二重の防潮堤を再生し、森林公園と古川沼を再整備す

▼気仙川上空から見下ろした愛宕山。海抜 130m ほどあった山が、宅地などを造成するために大きく削られている。（2016年1月）

▲震災後の土木工事によって喪失した三日市干拓地。（2016年2月）

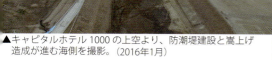

陸前高田市、住田町
広田湾、気仙川

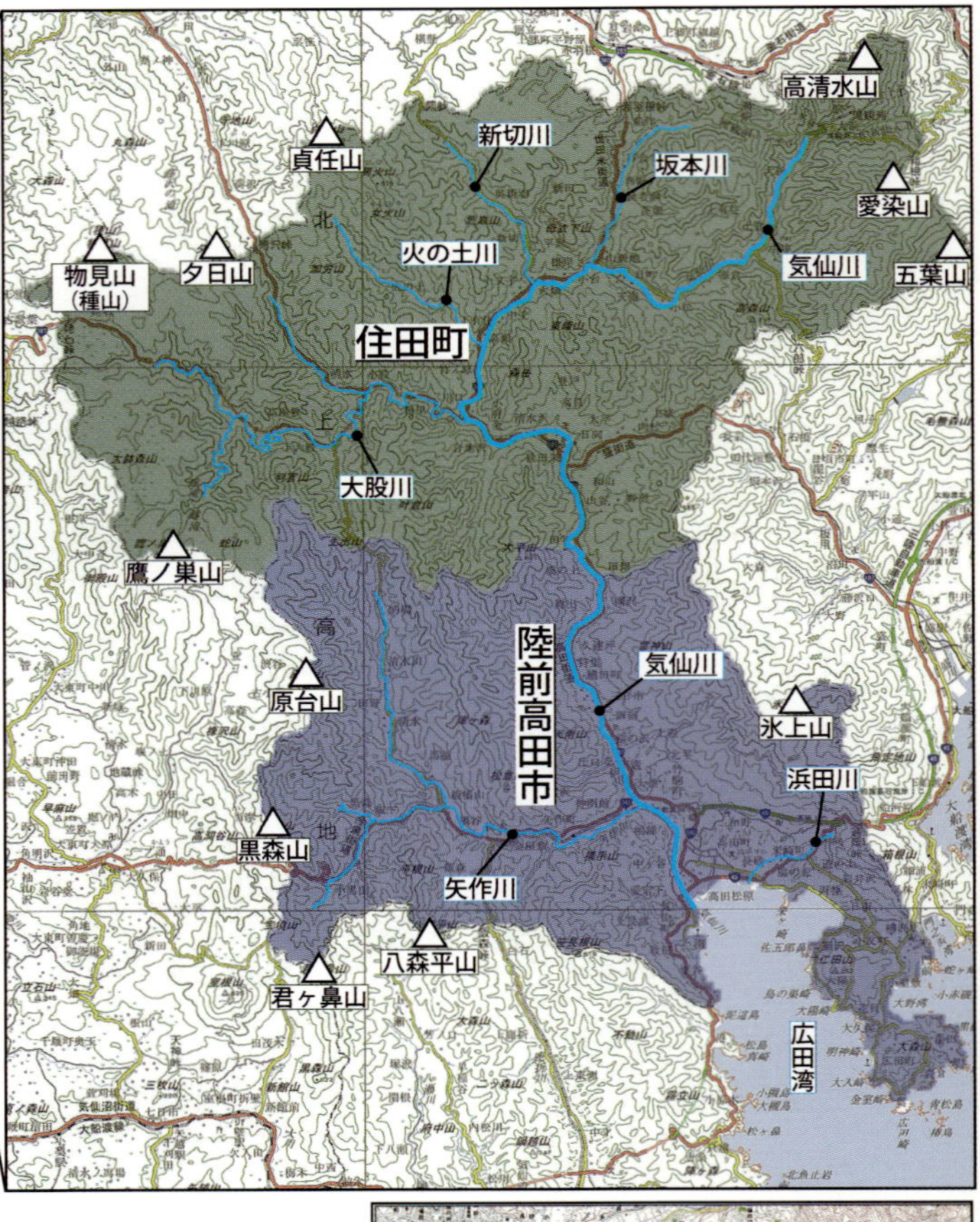

■陸前高田市
面積　231.94km²
総人口　18,567 人
（推計人口、2019年6月1日現在）

■住田町
面積　334.84km²
総人口　5,228 人
（推計人口、2019年6月1日現在）

■広田湾
湾口約 4.8km
奥行き約 9.0km
リアス式海岸
・隣接市
湾の東岸～西岸　陸前高田市
湾の南西岸　宮城県気仙沼市

■気仙川
延　　長　44 km
流域面積　520 km²
源　　流　高清水山

はじめに

小松正之

数十年前と比較すると高温多湿の東京の気候は、とても息苦しかった。先日、故郷の陸前高田市と住田町の気温を調べたら、気象庁の発表の「一〇〇年間で一度の気温上昇」とはかけはなれた結果が出てきた。夏の時期の高温多湿は数度の上昇にも達しよう。海も一度程度の上昇とは言うが決してそうではない。局地的に時期を限れば海水温ですら三〜四度の上昇をしている。

春は花粉症である。高度経済成長期に日本中で針葉樹林を植えた付けが、生態系の破壊だけではなく、空気中の成分の質にまで影響し、また、人間の体質にまで悪影響を及ぼし、生活の質を低下させている。中国では空気中の粉塵の汚染ＰＭ二・五で本当に息苦しい。私も二〜三年前まで五年間連続して北京大学に招待されて数日間の滞在期間中に本当に目の前の視野が開けずに、呼吸も気持ちが悪かった。

ペットボトルで水を飲むようになってから何十年たつのであろうか。お茶やペットボトルの水の購入、製造販売会社からすると売り上げであろうからＧＤＰの計算に入れるのだろうが、昔は誰も水を買わなかった。それが水源と水質が汚染されて、水道水を飲むようになり、その水道水も殺菌の水がうまくないので、それの代わりにペットボトルの水を買う。水会社やお茶会社は大変に儲かっているのだろうが、それは、環境の破壊と劣化が生み出したビジネスであろうことは誰にでも分かることである。そのうちにこれらの水源もいずれ無くなる。気温が上がったらペットボトルで飲み水を回避するように、私たちは東京から脱出するのだろうか。期間限定では、私たちはすでに脱出している。これはきれいな空や山や海と空気を求めての国内旅行や海外のリゾート地に出かけることである。本来は自分たちの身近な環境にそれがあればわざわざ遠出をする必要がなかった。私の祖母は自分の生まれ故郷が一番でどこも行きたくないとよく言っていた。何処へ行っても、故郷より自然と人情が豊かなところはないと言っていた。陸前高田市広田町であった。そこも二〇一一年の東日本大震災で壊滅的な被害を受けた。過去の一三〇年間で三度目であった。牡鹿半島以北の岩手県を中心とした地域では、よくあることだった。二〇一一年の問題は震災後の復興工事で自然を大きく破壊してしまったことである。復興工事のほうが大震災よりも自然破壊が大きいという人が国の内外に多い。海岸線を埋め立て、そして、土砂を八ｍも盛り上げる嵩上げ工事である。この土砂は必ずどこからか運んでくる。陸前高田の場合は、近隣の森林を伐採し、そして木材ではなくてその地下の土砂を売り物にし、それを嵩上げ用に使用した。また気仙川の底から砂利を採集して河川の生態系に悪影響も及ぼしている。沿岸の湿地帯、砂州、干潟と藻場も喪失した。生物も住処を失った。コンクリートのグレー・プロジェクトが緑の森林や草地で防災を果たす西洋で盛んになってきたグリーン・プロジェクトに優勢するのが日本の現状である。

日本は自然を大切にする民族といわれた。寺社仏閣のそばにはご神木と鎮守の森がある。伊達藩は御用山

と呼び、森林を大切にした。その後その山は五葉山と名前を変えるが、今は山林を守る人もなくて荒れ果て
て、笹竹も消失して植物相も大きく変化した。

すごいスピードで人類は、地球環境を破壊している。これまでの四五億年の地球の歴史で生命が誕生したのは四二億年前から三八億年前で、この間に生物の大規模な絶滅は五回あった。その最後が七〇〇〇万年前の恐竜の絶滅である。しかし人類が、チンパンジーとの共通祖先と分岐し誕生して二〇〇万年。現生人類（ホモサピエンス）が誕生したのが、約二〇万年前と言われる。その間に人類は数多くの生物種を滅ぼした。特に二〇〇年前の産業革命以降の地球の破壊の仕方とスピードは著しく、その後の第二次世界大戦後の産業の高度経済成長と最近のスピードは更に拍車がかかっている。このような状況で第六番目の人類による生物の絶滅はとても近いといわれる（『The Sixth Extinction』エリザベス・コルバート著）。それを回避するのはまた人類しかいない。地球の半分は、手つかずの自然を残せ（『Half-Earth』O.J.ウィルソン著）と主張される。二〇一九年五月に日本政府はＧＤＰがまた年率二％相当で上昇したと喜んで発表した。しかし環境保護や二酸化炭素の排出削減がどれだけ進んだかには触れない。経済成長の呪縛に取りつかれた人類は、ここで、目先の豊かさを放棄して、将来の孫子の世代を考えることが出来るかどうか。本書は、そのことを問う書である。長期の展望を大局観をもってみる目が大切である。

陸と海洋と水循環を通してそれらの原点を考えることを提起し解決した我が国初の書物である。ご批判を賜れば幸いである。

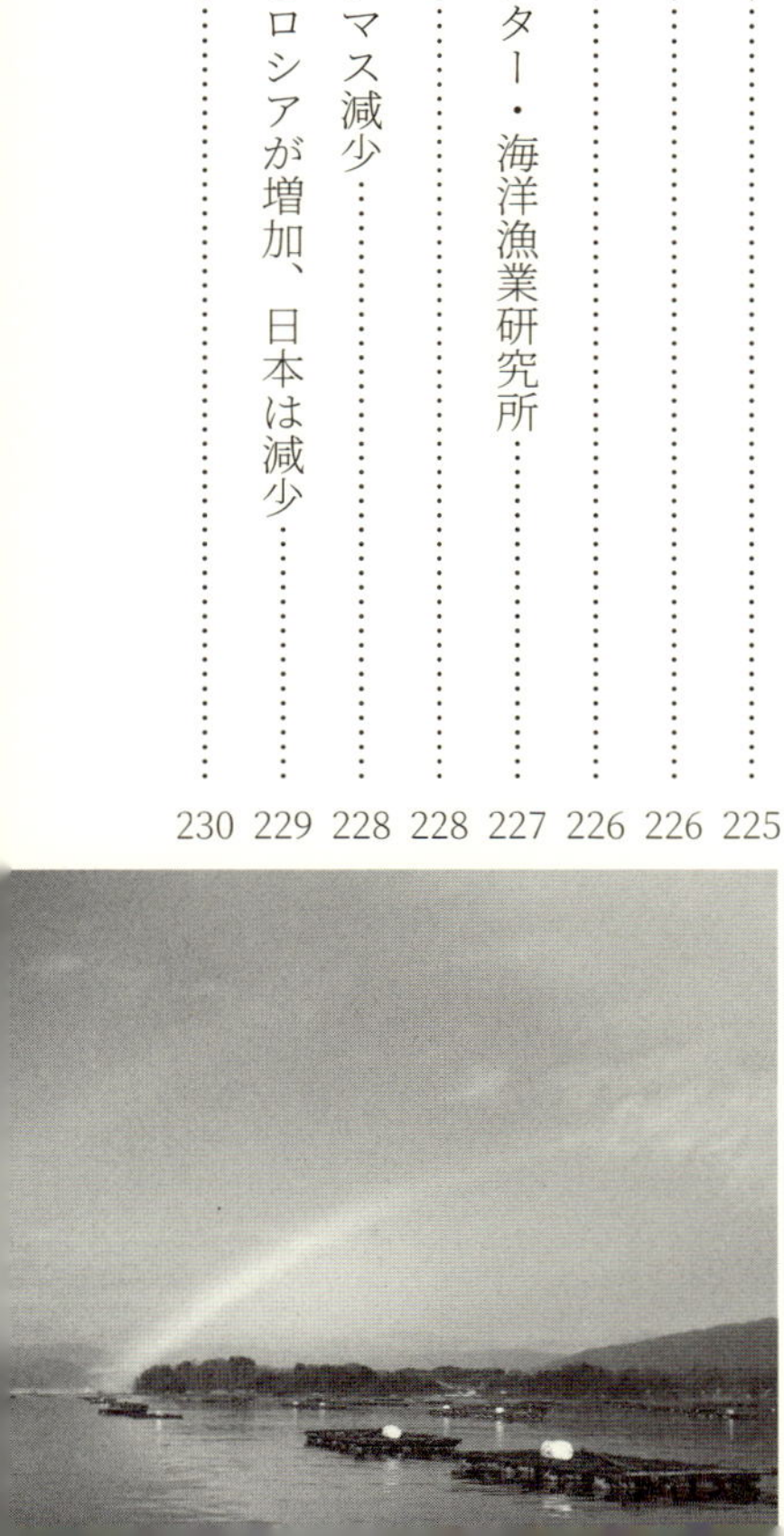

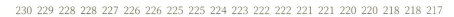

【序章】 直面している地球環境問題

小松正之

■地球環境の異変

地球環境の異変が世界の大気と陸地と海洋に多く発生しているが、いつまで日本人と人類はこの地球上で存在出来るのであろうか。

気象庁の発表では、一〇〇年間で日本の気温と日本近海の表面水温も一度以上上昇した。しかし、実感ははるかに一度を超え、夏期ピークの気温は四~五度も上昇した。水温も同様に感じられ、このような気温の上昇はこれからは頻繁に発生すると予測されている。

北米西海岸からアラスカ沿岸にかけて二〇一三~一六年に広範囲に暖水塊が発生した。これを科学者はブロッブ（Blob）と呼ぶ。アラスカに今まで見られなかった針葉樹（スプルース）が生えだした。

ところで、気象庁や気候変動パネルが提供する気温の上昇の値とは、真実を表現しているのだろうか。この夏の日本と世界の異常高温を見るにつけ、四~五度も上昇しているように思える。そして、住みにくい。

人間は、地球を人間の活動がもたらした排泄物のゴミ捨て場としか思っていないように見える。

大気中には、地球が何億年に亘って土中に蓄積した化石燃料（石油、石炭）また他の燃料を消費し続けて、二酸化炭素を排出している。そして酸素を供給する森林や湿地帯を破壊してきた。大気圏のスペースが広大であると楽観し錯覚しているのか、二酸化炭素の排出が止まらない。特に、発展途上国と中国はその排出を止めようとしない。これからもまだ伸びる。したがって、大気中の二酸化炭素の排出は、今後も増大する。地球の温暖化は更に進む。二酸化炭素は、太陽から降り注ぐ赤外線を吸収する。

また、熱を宇宙空間に放出すること阻害する代替フロンが問題視されている。オゾン層を破壊するフロンガス（CFC）の代わり登場したハイドロクロロフルオロカーボン（HCFC）などを要因とするものだ。冷蔵庫冷媒などに代替フロンが使用されている。この代替フロンは赤外線吸収する性質を持っている。

問題は大気だけではない。二酸化炭素は海水中の水と結びついて、海洋の酸性化を招いている。この海洋酸性化がサンゴ礁の白化現象を引き起こし、死滅の原因とも言われている。オーストラリアのグレートバリアリーフでは二〇一七年までに八〇％のサンゴ礁が死滅してしまった。そして二〇五〇年にはわずか三％しか残らないと警告する。（オーストラリア環境省）

日本の沿岸も防災のためと称し、自然環境保護や生活基盤と景観は考慮せずに、堤防を作り、河川を直行させて、大水を瞬時に海洋に流し出す仕組みに変えてしまった。このことによって、古来から続いた自然の力を活用した各種の機能が破壊されてしまった。河川水の量と質によって、沿岸域の湿地帯、磯、藻場や干潟が出来上がり、そこに無数のバクテリアとプランクトン、微小生物がいて魚類や貝類あるいは海藻類が生息し繁茂することが防災の役割を果たし、自然からのサービスとして豊かな恵みを生み出してきた。東日本大震災の後、大堤防を、環境評価も実施せずに建設した。ここによって、古来から現代まで続いてきた自然の力が果たす機能を失った。このような大規模な環境評価なしの工事は米国では考えられないと二〇一七年六月に陸前高田市などを訪問したアンソン・ハインズ・スミソニアン環境研究所所長が指摘した。

■経済成長と自然破壊

経済成長と自然の破壊との関係に相関があると思うのは当然である。経済発展で排気ガスは出すし、森や草地は工場や住宅の用地として破壊される。森林や耕作地は、太陽光発電のパネルの設置場所の敷地となる。海岸は埋め立てられて、沿岸域の生物の多様性は減少する。大規模農業も耕作機械で農地土壌を荒らし、肥料や除草・除虫材を大量に使う。トロール漁船で海底を荒らし、海面養殖もエサの投与や魚のフンと移入種の駆除などで海を汚す。

■水や空気はかけ替えのない地球の生産物

人類は、二酸化炭素を吸収し酸素を作り出す森林を伐採し、そこに生息する動植物並びにコケ類などの生き物までも破壊している。

二酸化炭素は地球温暖化の原因であるし、人類は酸素がなくては生きられない。

森林の表面に、雨が降り、地面に浸み込み地層にろ過されていく。これが地下水となる。やがて地下水脈を作り地表に湧き出て飲料が可能な水になっていく。清浄な地層が不可欠なのである。

人間はただで清浄な空気や清浄な飲料水や魚類・鯨類、野菜、及び果実などの天然食料が提供されると考えるが、地球が数十億年をかけて作り上げてきた地球環境・生態系の中で、はじめて可能である。水源の山を壊し、汚染物資を森林や河川へ放置し投棄し、水循環を汚染させれば、天の恵みも一瞬にして失われる。

河川についても、洪水時に、一度に大量の雨水を流すので、通常時の水量と溶解する栄養分が大幅に減少し、そこに生息出来る生物の数も少なくなった。一方、汚染物や排泄物の流入で水質が悪化している。海洋についても海岸線の破壊で微生物が川から流入する物質の分解能力を大幅に失った。栄養分も少なく、生態系が破壊されたところには、再生産に必要な栄養と環境も得られない。また、有害な鞭毛藻が発生し魚類などの海洋生物資源の生産も激減し、質も低下する。

〝人類紀（Anthropocene）〟は、人類が地球生態系の統治者として君臨する時代を意味する言葉である。人類は、いつまで短期的な視点で目先の経済成長を求め、自然を破壊することから転換するのだろうか。人間は酸素がなければ一〇分も生きられない。飲み水がなければ数日しか生存出来ない。食料もそうだ。安全で安心して食べられるものが土地、森林や河川と海から生産されるのが当然であるといつまで考えられるのであろうか。

人間は生物多様性と生態系の一部である。それによって生かされている。そのことを忘れて、自然を自分の意のままに活用し、破壊しようとする。

■変化が激しい海洋生態系

二〇一八年の夏は極めて熱く、湿気も多くまた、太平洋からの台風も大きなものが多かった。これら気象や気温が、海洋生態系と陸上生態系との関わりを考える上でとても、大きな影響を及ぼした。この年の熱波は、特に地球はこのままでは、人類の住めないところになる。そして、海洋においても、魚類や海洋生物資源も自らが生息出来ないようになるのではないかとの危機感と強い問題意識を生んだ。

二〇一八年六月に、アラスカ州コジアック島のある漁業者でありかつ、著名な生物学者エドワード・O・ウィルソン（Edward O. Wilson）著の『Half Earth』を勧められた。長年カエルの生物学と昆虫の生物学者であったウィルソンが、これらの生物に魅せられて、しかしこれらの生物が地球上からの絶滅・消滅していくさまを憂いて、このままでは人類も地球もだめであるとの考えに立ち至った。最近の多くの学者と政治家や役人も、また、経済学を専門とする学者も地球の生物と環境はコントロール出来るとの考え方を打ち出しているが、地球の温暖化や海洋の酸性化を見て、経験するにつけ、コントロールが不可能であると考える人が年々多くなったとウィルソンは観察している。

ウィルソンは「何故、この地球半分を手付かずで保護しないのか」という。その理由は、半分を保護すれば八〇％の生物は安定して生息出来るようになり、このことは単に絶滅に瀕した生物のみだけでなく、あらゆる生物を守るためである。またプロセスではなく、目標を掲げている。

このような明確な目標によって、「人類」に終止符を打つことが出来るとウィルソンは話す。

■これまで地球は五回の絶滅を経験

『第六番目の絶滅（The sixth extinction）』の著者エリザベス・コルヴェート（Ekizabeth Kolbert）は、ニューヨークタイムズ社の科学を専門にするジャーナリストである。この同書によれば、地球上に生物が誕生したのは、化石や地質の研究をたどっていくと約五億四二〇〇万年前とする。生物は五回の大量絶滅を経験している。特に、次の三回は、地球のターニングポイントを思えている。

第一回目が四億四〇〇〇万年前の氷河の発達と後退による三葉虫など浅瀬の生物の絶滅で、第三回目は約二億五〇〇〇万年前の古生代と中生代の変わり目のペルム紀（Permian）と三畳紀（Triassic period）の間に起きて、生物の九〇％が絶滅したと言われている。第五回目の絶滅は白亜紀（Cretaceous period）と古第三世紀（Paleocene）の間で起こり、恐竜が絶滅している。このような絶滅も数百万年から数十万年かけて起こっている。

現代は、約六五〇〇万年前から新世紀（Cemozoic）に入り、第三紀から第四紀に入っている。恐竜の時代から哺乳類、鳥類と顕花植物が隆盛を極めている。二〇〇万年前に誕生した人類は、最近では数万年から数千年前まで、狩猟と農耕生活を続け、つい最近まで農業生産が人類にとって主要な生産手段であった。

■人類の世代かネズミの世代か

産業革命は人間の生活様式を一変させた。それまでの土地の生産力のもつ、生産性の制約から解放された。すなわち、地球の地下に長い間かけて蓄積した資源を現世代が利用する術を獲得したことにより経済的生産力が飛躍的に発展した。

人類に起因する生物種の絶滅は、新しい技術を獲得した産業革命が起きた一八二〇年代からわずか二〇〇年間に起きている。特に戦後の七〇年間に起こっている。パナマの黄金のカエルにカビがたかり絶滅、北太西洋のペンギン（Auk）を人間が食料とし絶滅させ、グレートバリアリーフのサンゴが消滅し、魚類も住みかを失った。アマゾン熱帯雨林が伐採され森で生活する昆虫、ほ乳類と鳥類が大幅に減少した。世界中のチンパンジーやゴリラやオランウータンも半分に減少した。これらの原因は、人類が産業革命以降に急速に発展した裏返しとして、経済活動が生み出す外部への不経済を地球環境の中にコストを支払わずに放出した結果であり、コストを地球が支払うようになっているからである。そしてこのことが順に、地球の気候と海洋の元素構成まで変化させた。大気中に放出し、大気の分子構成をも変化させ始めた。地下に埋蔵されていたエネルギー源を掘り起こし、これを人間が人間以外の生き物を絶滅させ、温暖化で人間にとっても住みにくくする。

この今の時代を科学者は「人類紀」と呼ぶ。人類が地球の支配者となり、人類由来の原因で、環境の悪化が著しい。気候が変動して、移動することにより、生き残る種は良いが、そのうちに地球全体の気候が変動すれば生物にとって行き着く先はなくなる。

人類自体が、人類を含め地球上の生物を絶滅させる第六番目の絶滅を示唆している。エリザベス・コルヴェートは、それを救えるのは人類であると言う。しかし地球上の世代を人類と共に生存してきた「ネズミの世代」にするのも人類次第であると驚愕の警告をしている。現代の便利で楽な生活にどっぷりつかった日本人もその生活様式や行動をどうするべきかが問われる。

■人類は生物多様性の一要素

エドワード・O・ウィルソンは、人類とは何かから説き起こしている。物語を話し、神話を作り、そして生活する世界を破壊する。理屈、感情と宗教をまくしたて、一〇万年前に終わってしまった洪積世（Pleistocene epoch）の最後に霊長類の進化として登場した。しかし人類は、この破壊されていく地球の保護者というよりは支配者としての道を渇望している。ところで人類は、地球上の生物として初めて、一〇年先を考えることが出来る。そのことが他の生物には出来ないことが大きな違いである。しかし人類は増加しすぎて、水も残り少なく、空気、大気や海洋も陸上のも、人類の活動の結果汚染されている。人類の作りだした問題は、先々に進行する一方であり、そしてひきかえすことが出来ないところまで来ている。そして飲料用の新鮮な水も、過剰な二酸化炭素（代替フロン）を吸収する大気も限界が到来しつつある。

ところで人類の問題点は、経済成長というゴール以外の特定のゴールを持ち合わせていないことである。この経済成長が結果的に地球の自然と生態系を破壊してきたのである。経済成長とは、人類が際限なく、物を消費し、個人的な幸福を追求してきた結果である。一方、環境は不安定となり、そして不快に感じて私たちの長期的な将来は不確実になってきたのである。

ウィルソンは、「〝人類紀〟と言われる現在の地球支配者として、人類が自らと他の生物の将来を決定づけようとしている」と語っている。

ところで現在の環境団体などの保護策は絶滅の危機にある特定の種の保護を目的としているが、それでは目標やゴールが分からず、単なるプロセスについて表現しているにすぎない。人類は明確な目標が欲しいのである。プロセスではないのである。

前述のとおり、地球上の生物は幾度かの絶滅期を迎えていた。六五〇〇万年前には、秒速二〇kmで直径一八kmの小惑星（Asteroid）が。メキシコのユカタン半島（現存でいうチクスルブ（chicxulub）衝突した。衝突の衝撃に、地震、津波が発生、火山が爆発した。想像を絶する規模での天変地異によって火災が起き、ススが空を覆い、太陽光が阻害された。植物（植物プランクトンを含む）は光合成を停止し、酸性雨によって枯れ果てていった。こうして地球上の生物の七〇%が、恐竜をはじめ多くの生物が絶滅していったのだ。こうして中生代の白亜紀が終わり、新生代がはじまった。

しかし、現在の人類の地球環境の破壊と変化を生じるスピードはそんなものではない。

たった一万年も満たない間に、地球環境を大幅に変化させている。

変化のスピードが産業革命以降に加速し、第二次世界大戦後は、更にその速度は増している。

■自然の新経済学

米国海洋大気庁（NOAA：National Oceanic and Atmospheric Administration）シアトル事務所の職員から勧められた『The New Economy of Nature』（Gretchen C. Daily and Katherine Ellison『A shearwater book.』Island Press 二〇〇二年）は、我々が長年に亘り、当然ただと考えていた自然と自然の作用がもたらす飲料水や空気、そして居住生活環境がお金を払って手に入れるべき時代に三〇年前から入っていること、自然の保護や保護された自然が提供する飲料水や景観には積極的に資金を投入し、また投資の対象としている事例が多く紹介されている。

オーストラリアや米国東西海岸における自然保護活動にはコストがかかる。だからこそ将来のために投資した事例が寄せられている。

米国では、ダムなどの大規模な土木プロジェクトを行うアーミーコープ（米国陸軍工兵隊 United States Army Corps of Engineers）も、自然を活用したＥＷＮ（Engineering With Nature）というエンジニアリングを開始した。そしてそのＥＷＮの例として五六ヶ所のプロジェクトを紹介している。

すなわち自然は人類が必要としている飲料水、酸素（空気）と食料を提供しているが、人類はこれらの自然の恵みとして当然の如く無償で享受している。特に日本に住んでいると、水と空気はただと思いがちであるが、地球上には世界の人口の二九％にも昇る人々が安心して飲める飲料水が入手出来ない。また食料についても八億の人が飢餓や貧困から食料を入手出来ないでいるのである。森林の伐採が進めば、今後は酸素不足から呼吸が困難になることが予想される。

中国の北京などでは、大気汚染が深刻で病気にかかったり、快適な生活が送れない状況が続出している。

■このままで良いのか

人類はこのような状況を考えれば、現在のような生活様式や経済活動を優先させて、自然破壊すなわち人類にとって好ましい生態系サービスを提供する自然生態系を破壊し続けて良いわけがない。

今後は、自然をいかにして保全し、保護しながら人類の生活と活動を調査させるかに、人類の考えや行動様式が移行する時代が到来しなければならない。

その時代の到来をもたらすのも人類にしか出来ないのである。

【第Ⅰ章】 地球環境の劣化と人間の功罪

小松正之

【日本人は、自然の破壊者か】

一九八二年のイェール大学への留学時に、こうしたことがあった。日本の紹介として『日本の自然と日本人の心』と称した映像を見た。日本人は自然を大切にする民族性を持っていること。最もわかりやすいのは、寺社に見られる「鎮守の森」である、と英語で解説された映像が印象深く残っている。

農業人口が日本全体の半分を占めていた明治時代と大正期までは「その通り」であったろうが、現在はそれが当てはまるとは思えない。私の故郷の気仙地方（陸前高田市、大船渡市と住田町）の森林と、河川と海浜が、東日本大震災後の復興工事によって、自然の景観や歴史的に造り上げられた居住・生活空間が破壊されて、昔の姿をとどめていない。東日本大震災による津波の被害より、その後の人間による復興工事での自然と生態系の破壊の程度が著しいことは、陸前高田市を訪問して、状況を直視すれば簡単に分かる。

森と川と海を保護して、自然を次世代に伝承するのも人間である。「我が身さえ守られれば」と防災の名目を唯一として、自然環境や次世代の漁業などの生産手段は考慮されずにいる。目先の利益で、自然環境を破壊してしまうのも人間だ。

経済の成長（経済成長率の定義やＧＤＰの中に何を取り入れるか、含まないものが何であるかの基準を吟味する必要がある）が唯一の人類の目標として掲げられてから、どれ位の年数が経つのか。

経済学者サイモン・グズネッツ（一九〇一～一九八五）、ジョン・メイナード・ケインズ（一八八三～一九四六）の時代にＧＤＰの考えが提唱され、ルーズベルト大統領による「ニューディール政策」（一九三三～三九）に実現されたことであるので、約八〇年といったところであろうか。この間に人類は、このＧＤＰと目前の経済発展・成長に引き込まれ、その束縛から逃れることが出来ないでいる。

我々は、他のことはあまり考えなくなっているように思える。その結果、それらの経済成長が提供する目先の金銭的な魅惑に惑わされ私達の住む日本や地球そのものが、年々きしみをたてて壊れかかっているように見える。空気は悪くなるし、飲めない水が多くなり、海水浴や川泳ぎするところもなくなった。自分たちの周りに自然がなくなり、自然がまだ残っている海外のリゾートに出かける。昔はそんなことをしなくても自分の周りには豊かな自然があった。水道水や井戸水は飲めなくなり、ペットボトルの水を高いお金を出して購入する。空気すなわち酸素は今のところ無料ではあるが、都会の空気は汚くて息苦しい。地下鉄の密閉空間では、尚その傾向が著しい。中国北京のＰＭ二・五の汚染はすさまじい。春先には九州にまで粉塵が飛来する。そのうちに養殖魚への酸素補給のように酸素も製造機で発生させ、それを吸うようになるのだろう。また、水と並んで重要なものは食料である。八億人が満足な食料にありつけないと言われる。先進国でも発展途上国、特にアフリカのサブ・サハラ（サハラ砂漠より南）の国々の食料も汚染されない安全なものがいつまで食べ続けることが出来るのであろうか。

【豊かな魚食を求めて北海道へ】

二〇一八年八月二〇日から二三日に、北海道の網走、余市、積丹と札幌と函館、南茅部森を訪問した。

【写真１】
網走のマスの小型定置網と「アオコ」。
2018 年 8 月著者撮影

二一日は朝四時に起き、四時四五分から七時まで、網走沿岸の定置網で漁獲されるカラフトマス（地元ではオホーツクマスと呼ぶ）の網おこしによる水揚げを見に行った。マスの漁場一帯に、網走湖から流れ出る緑色の「アオコ」が広がり、においだけでなく、海面が緑色に染まる。これは富栄養化の象徴で、このアオコが死骸となり、網走市沿岸の海底に蓄積されると、これを消化するのに酸素が使われ、海が酸素欠乏状態になる。網走湖一帯を取り囲むように農地が広がる。

網走漁協の人たちは、革新的な人たちで、網走の海と網走湖を守るために一〇年以上前から農業者との対話を進め、生態系保全の先進地を視察してきた。しかし、現在は更なる悪化が明らかである。この地域はホタテガイの地まきの漁業で有名である。このまま陸上の農業からの富栄養化物質の河川や湖沼への流入に対して、その流域や抑制対策を講じなければ、この漁場が「アオコ」でホタテガイの生息場として不適な場所となる可能性が大きい。一方、網走川や網走湖及び能取湖は、今ではサケが回帰する河川・湖沼である。これらの環境と生態系の維持は極めて重要である。

アオコは、水質や生態系に悪影響を及ぼすことが指摘されている。ＦＡＯ（国連食糧農業機関）や米国連邦政府がプログラムを管理するチェサピーク湾プログラムの最近の研究でも農業や畜産業から過剰な肥料、農薬などの投入と排出物と畜産排泄物と農業土壌流出が、陸上、海洋の生態系に外部コストとして影響を及ぼすことが指摘されている。解決のためには、農業サイドに、農薬や肥料の適性使用の強化を求めることである。そのことが、農業や畜産業の持続性や安定性にとっても好ましい。【写真1】

【写真2】
積丹沖の大型定置網乗組員山崎漁労長（左2人目）
と乗組員の皆さんと筆者（右2人目）。（2018年8月撮影）

番屋の食事のおいしさ

水揚げが終了して、私は定置網の乗組員と同じ番屋で朝食を食べた。マスのカマの塩焼きが出てきた。通常の身の部分もいただいたが、カマが格段に、おいしさで勝る。自然の食べ物は新鮮でおいしい。

網走から新札幌空港に飛び、札幌を経て余市に入った。翌日二二日の早朝は、四時に余市のホテルを出て、積丹半島の美国漁港から出港した。台風の影響で雨が強かったが、風はなかった。一時間弱で積丹半島の中央に位置する漁場に着いた。七～八kgのブリがたくさんかかった。それでも平均四・八kgで合計二四t程度という。

この定置の経営者は岩手県釜石市両石の定置漁業会社「泉澤水産」である。山崎漁労長が手際よく指示し一二名の乗組員も自分の仕事をテキパキとこなす。水氷の入れ方とブリの鮮度の保持もとてもスムーズであった。漁師は魚を獲ったらあとは野となれ山となれだが、この泉澤水産の乗組員は販売まで心配りが行き届く。日本人のきめ細やかな仕事ぶりを見た。チームワークが抜群なところも、日本人の特性であろうか。見ていて清々しい。網走の定置網漁の乗組員に比べても純粋な民間企業であるためか、労働の作業性や効率が非常に高い。【写真2】

日本人は魚食民族だったが過去二〇年で急速に魚貝類の消費を減らしている。一人当たり四〇から二四kgに四〇%も減少した。魚食は、日本人の肉体と精神を支えてきた。魚から肉体形成に必要な栄養分を摂り、また精神安定に効果があるＤＨＡ（ドコサヘキサエン酸）も摂取してきた。魚食の減少は、日本人の肉体と精神に変化を与えてしまうだろう。

【気仙川・広田湾と森川海と人】

森と川と海にみる自然の連携は重要だ。その研究の必要性は、長い間叫ばれている。栄養を海に補給する「魚付き林」と言われる自然の連携を意図する語り継ぎが日本にはある。水産庁に勤務している時代も、林野庁、環境庁と水産庁の協力で「森川海」の調査研究が行われたり、その推進のために予算があったが、基本的で本質的な研究と調査が行われていたか疑問を常に持っていた。水産庁と農林水産省の資料は、植林の全国マップとして表示されてはいたが、その植林の規模で、どんな植種でとなると、答えは全くない。それと、植林によって、川の水質、流量と栄養状態の変化と環境や生態系の回復にどの程度寄与か評価や分析はなかった。

そして、植林以外の都市化、農業や工業の影響は全く解かれていない。

地方再生は自然の活力から

二〇〇二年から寸暇を惜しんで日本国中を、自らの足と体で体験し、現状を見て調査した。日本の漁村田舎と海の現状を知り、かつて栄えた日本の沿岸や田舎がどうして衰退したのか、どうしたら元気を取り戻せるのを探りたい。現地の漁業者や農業者と林業者と地方の住人と語り、衰退した地方を、また復活させるためのきっかけとヒントとをつかみ、再生の足掛かりとしたい、と思った。本当に漁村から魚が消え、人が消えて、活気がなくなっていた。

地方の漁業、農業と林業の再生は、その地方の資源と自然とそれらの価値を十分に活用することから始まる。したがって、地方の再生も活性化もその地方の持っているものの価値と良さを（問題も含めて）理解し、引き出すことからである、と考えたのである。そして、これまでの政策ややり方の繰り返しではダメだと思った。

二〇一五年から始めた「森川海と人のプロジェクト」。

私の生まれ故郷は、岩手県陸前高田市広田町である。典型的な片田舎であり八〇％の森林に囲まれて湾が入り組んで海岸線が長くて好漁場を形成する。三陸海岸でも湾の広さが最大規模の海の幸に恵まれる陸前高田や住田町の気仙川と広田湾の地域から始めたいと考えた。

世界から学ぶ自然の活用と研究

海外の事例から多くの知見を得られる。こうした事例から学ぶために、モントレー水族館とモントレー湾サンクチュアリを管理する米国連邦政府機関などを訪れた。その後はオーストラリア政府のグレートバリアリーフ海洋公園局を訪問した。最初に訪問したのは二〇一〇年である。ここには、二〇一八年二月にも訪れた。陸域と海域のグレートバリアリーフの保護活動との関連の調査活動について学びたかった。

二〇一一年三月一一日に発生した東日本大震災で、大津波が東日本を襲った。わが故郷の陸前高田市も壊滅的な被害を受けた。このことによって、陸上と海洋生態系の劣化からの再生対策を急ぐべく、自分の行ってきた活動を更に加速化した。

二〇一五年から、気仙川・広田湾の水域内の森川海の自然環境と人間の活動について、基礎的な情報を集積するプロジェクトを開始した。森と川と海に関する自然と人間活動の影響に関する基本情報が無いに等しかったからである。基本情報は地道であるが、非常に重要である。情報がなければ有効な対策は樹立出来ない。基本情報は資産である。スミソニアン環境研究所やモントレー水族館にも調査の進め方について、また可能な協力について相談した。

世界を巡り、日本各地を訪ねて、このプロジェクトが重要であることを確信し、更に難しさも認識してきた。このプロジェクトが基本的情報収集と森と川と海と各産業や地域ごとに分断されている情報を繋ぎ束ねる役割を果たして、更に全体像・包括的なビジョンを明確にすること、そして実施すること、やがて他の地域モデルとなることを目指している。

【大局観が不足の日本人】

最近の日本人は物事を深く大局的に、広く考えることが不足していることを痛切に危惧する。

多額の税金でコンクリート施設建設をして業界を潤すワンパターンを日本政府と業界はいつになったら直すのかと、先ごろニューヨークタイムス紙の記者が震災復興予算に触れて批判していた。日本人も源泉徴収制度から、税務署で直接納税をしないことからか、結局自分の税金である意識がないか、いずれは年金や医療費の支給など、政府に頼ろうとする姿勢からか誰も無駄遣いを外国のように指摘しようとしない。納税者としての自覚が薄いようである。これは、税金を各自が税務署で申告する制度となっていないからだ。すなわち短期的な視点で「今が良ければ良い」ということだ。将来の世代に良き自然の環境と住みやすい日本と地球環境を残すことは考えない。

大局的な学問と思考が必要な「森川海と人」研究

本書において、大局的な学問とは、森と海には川を介して、水と土砂と栄養分が行き交うことを研究することである。広い領域にわたってあるダイナミックな生命に営み。サケやウナギなどの回遊魚が北太平洋や深くはアリアナ海溝から海岸へ戻り川を経て、大地に栄養をもたらすことを見ても明らかだ。こうした自然の営みに着目してくことと、それらの現象に目を向けて、それらの生物の営みを支えて彼らのもたらす豊かさと恵みを利用させてもらうことが、人に課された責務だと思う。日本でも森に木を植える運動があったり、「魚付き林」の重要性を訴える話が、各地に残ったりしている。水産庁と農林水産省の資料にも各地で植林の活動が行われ、その地点が全国のマップとして表示されてはいたが、その植林が具体的のどの規模で、どんな植種でどの年数をかけてとなると、明快な答えはない。

植林によって、川の水質、流量と栄養状態が変化したのかのデータもなかった。それらを、より広く、より深く、細かく理解する試みが必要である。

私の故郷は岩手県陸前高田市広田町、と前述した。山林に囲まれ、海を望む場所だ。日本の典型的な片田舎である場所であり、土地勘がある故郷から「森川海と人プロジェクト」を開始した。二〇〇九年から世界を巡り事例を視察し、二〇一五年から民間企業・団体の支援を得て、二〇一八年から陸前高田市の協力を受けたて調査活動を実施中である。こうして基礎的な情報を集積するプロジェクトを開始した。

急激に衰退する日本の海

最近の日本近海の漁業資源の急激な減少と海洋の変化は、陸上での針葉樹の植林、山林と森林の盛り土工事のための森林環境破壊、河川敷や河岸堤防の建設と河口堰の建設などの河川、海の環境破壊に大きく影響を受けていると考える。実際に世界の事例と研究に照らしても当然と思える。

その結果、海洋と沿岸域の湿地帯、砂洲、海浜及び、藻場や干潟を失い、流入する栄養分が減少し、生産力と環境回復力が落ちた。

二〇一八年には気仙川・広田湾にサケがピークの三分の一しか回帰しない。魚体は小型化し卵数も卵巣サイズも減少・縮小した。イサダが減少し餌を失ったカツオの回遊も三分の一程度である。スルメイカも、オキアミ、アワビも昆布も減った。危機的状態に国家の役人も政治家も警鐘を鳴らさず、防災を唯一の目的と言いながら国土の豊かな自然を破壊する土木工事は継続される。

米国の東岸のチェサピーク湾や西海岸のシアトル市のピュージェット湾の研究成果では、沿岸の干潟や湿地帯での堤防建設で、魚類の生息数が大幅に減少することが証明されている。

広田湾の環境の悪化

広田湾の環境と水質は、震災後にはかなり悪化している。それは養殖の生産物とアワビやウニなど生産の特徴の変化を見れば一目瞭然である。生産量が減少し、ウニやアワビの質も低下している。日本では必ずしも沿岸漁業の漁獲データが整備されていないが、私たちの「気仙川・広田湾総合基本調査」の長所は、継続して実施していることである。目視と聞き取りの結果により歴然と記録されているのであるから、その効用は大きい。

アワビは、二〇一七年も二〇一八年もその漁獲量は減少した。一時に比べて、その数量が取るに足らないものとなった。またウニについては、その総収穫量はここ二年間でも大幅に減少している。ウニもアワビも漁業者から、最近は全くもらわなくなった。彼らも販売を優先するが、その販売先への配布分すらおぼつかない。身入りも大きく変化した。ウニは卵巣部分の黄色の部分が減少し三分の一も卵巣があるかどうかである。その代わり、漁師が黒色部分を言う〝糞〟が三分の二を占める。これは海洋の栄養分の変化によるところが大きい。栄養分が無くなった。ウニは通常海藻を食するのだが、海藻が激減している。広田半島の周辺一帯で海藻が消滅している。数年前は海藻が繁茂していたところにも最近では見られない。海藻は通常海岸の縁の岩礁地帯に繁茂するが、これが少なくなった。それでも震災直後には、広田・泊港の外側の岩礁地帯には多くのワカメが付着していて、漁師が取らないことがもったいないと思ったが、今ではそのワカメさえ、多くが消失してしまった。

二〇一八年の秋のはじめには、広田湾の延縄式の養殖のカキは三年貝でも二年貝でも、栄養分と摂り込みが不足して身入りが透明に見えるいわゆる「水ガキ」が出現した。実際に試食したが、海水の味が強い。カキ特有のミルクのような甘みがしないのである。一〇月初めの出荷（むき身の生産者）に向けて、身が充実してくることを期待していたが、現実問題としては、それが短期間で叶うとは考えられなかった。夏が出荷の中心である岩ガキも同様に水ガキであった。マガキほど岩ガキには「水ガキ」の割合は少なかった。海からカキが摂取する栄養分が減少してしまっているのである。

広田湾の湾奥の小友町の両替地区は、栄養塩が豊富でカキが大きくおいしく育つところであるが、沿岸寄りの、もっとも栄養分が豊富な筏付近で筏の上で剥いた三個の全てが水ガキであった。不思議なことに、番屋に持ち帰った三個のカキは全て正常に栄養がカキに詰まっていた。

私たちが二〇一五年から気仙川・広田湾調査を開始した際には全く水ガキの現象がみられなかった。それが二〇一七年から私たちの観察の目に触れるようになった。年々、カキに影響ある広田湾の栄養状態が悪化していることの表れだと考える。その現象が我々が調査をした広田湾の海域の全体にわたっている。

東日本大震災後一時的に、養殖物の身入りが良くなったり、アワビの生産が増大したと漁業者から聞いた。また、広田湾の奥に位置する小友町両替の養殖業者は震災前は、筏の数が多すぎて密植状態であった。それが、養殖業者が約三〇名から九名に減少して、密植状態が解消されると、カキの実入りが一時的に、震災の前よりは改善された。しかし、それもつかぬ間のことであった。

現在の水ガキの状態では今後が懸念される。

【気仙地方と種山高原と宮澤賢治】

種山高原と賢治の世界

種山高原は「種山ヶ原」とも呼ばれる。「種」とは地元の古老に聞くと、〃かわいい〃〃小さい〃との意味で、東側に位置する五葉山や北にある岩手山に比べれば、低く小さい平原地帯によるものだそうだ。

種山高原は奥州市（旧水沢市）と住田町と遠野市にまたがる物見山が種山である。種山高原と呼ばれる標高六〇〇～八七〇ｍの地帯は、北上山脈の南に位置する物見山を中心に大森山と立石で構成する東西で一一

km、南北で二kmの平原である。宮澤賢治は、この地をこよなく愛し、岩手山、早池峰山と種山高原は、彼の書いた小説などに登場する。「銀河鉄道の夜」と「風の又三郎」はこの地の風景や気象を題材に描かれている。この地は、東の北上盆地と西の奥羽山脈から流れ込む気流と太平洋三陸沖からか風と水蒸気がぶつかり合う。いつでも霧と曇りがちであり、この水分とそれに含まれる栄養が、高原の草木の肥やしとなり、それを食べて牛が育つ。春から秋にかけての約四ヶ月間放牧が行われる。

宮澤賢治は〝明治の大津波〟の後の明治二九年八月二七日に、現在の花巻市に生まれ、奇しくも、昭和八（一九三三）年九月二一日の昭和の大津波の後に、死去した。彼は質屋の息子に生まれ比較的裕福であったが、常に貧しい農民の生活ぶりを気にかけた。

旧制盛岡中学校（現・盛岡第一高等学校）に学んだが、その後岩手県高等農林学校に進み、農業の改良と農村生活の改善に役立つ学問をした。

彼は盛岡中学の学生時には、あまり勉学上目立った成績は残していない。それが高等農林学校に進学して、自分の好きな学問をするようになり、その後の人生に大きな蓄積となったと思われる。

現在の種山高原

気仙川の支流でも最大の大股川の源流のある種山高原には、遊山施設も食堂と温泉があったが訪れる人が少なく、閉館してしまった。町営施設であったが、代わって指定管理者になる会社もなく、種山高原を見晴らす

【写真3】交友施設から見た種山高原。
（筆者撮影 2015 年 4 月 25 日）

展望の良い部屋もわざわざ閉じていて普段は誰も訪れる人もいない。眺めがもったいない。宮沢賢治が「海だべがと思ったら光る山だった」と詠んだ高原である。広い草原に放し飼いの牛が以前はいたが東日本大震災の以降は牛舎での飼育に限定された。放射性物質汚染の問題が解決されないからだ。一般に最近の畜産飼育場からは、その飼育過程で、病気予防のための抗生物質が使われ、これが河川を通じて流れる場合がある。また、糞尿の処理の問題がある。放牧の場合は自然の環境中で、バクテリアの分解などでサイクル経路が出来上がっているが、それでも幾分か過剰な糞尿が流出する。牛舎の場合は蓄積し続け、その処理が課題であろう。

賢治の童話の世界であるにもかかわらず

種山高原でも奥州市側にある「星座の森」の野外キャンプ施設に向かった【写真3】。そこの食堂で私は「銀河鉄道の夜」ラーメンと味噌の焼きおにぎりを注文した。「銀河鉄道の夜」とか、「ヨタカの星」ラーメンとか賢治の作品に登場する作品名称を付けたラーメンである。しかし特別なものは何も入っていない。ラーメン以外は「とんかつ」だけだった。どこでも食べられるものだ。地元の特産物で作られた風土も豊かなものを食したい。地元の生産物は都会と東京に出しているのか。都会への輸出だ。「TPP反対」というが、地元のものを大事にしてもらいたい。「TPP反対」は輸入反対との意味であろうがそれなら都会のメニューの輸入ものまねではなく地元のものを地元で食べられるように大切にしてほしい。

森林と高原の保水力が重要

種山高原に発する大股川沿いを東南に下る。この川は、小股川を下流の小股で合わせ、世田米で気仙川と合流し、気仙川の本流を形成する。小股から北上すると県都の盛岡に向かう道路となる。下ってきた種山高原の北西の先は江刺を通り水沢に到達する。

江刺市と水沢市は合併して奥州市となった。本来、奥州とは、岩手県や秋田県を含む、もっと広い土地を意味した。

気仙地方は「沢」の付く地名が多い。沢や河川の源流と湧水が本当に多い。これが気仙川と広田湾の栄養の元となり、森林を育て飲料や農業用の原水となる。大股川と小股川沿いも、針葉樹が戦後の伐採後の植林で多いがまだ五葉山側に比べれば広葉樹が多い。針葉樹が多くなると保水が弱いので鉄砲水が増え、平常時には水量が少なく川底も浅くなる。台風や大雨時には、一度に水が流れて危険だ。二〇一五年九月中旬の鬼怒川の氾濫も上流の保水力が落ちたのではないか。土木工事の専門家からは、堤防の高さが低いと言う声を聞くが、重要なのは流域全体の保水力を高め、暴れ水が出ないようにすることであろう。

方法としては、河川水が溢れ出しても、それらを付近の緩衝地帯で、水を吸収することである。これは、これまでの日本的なコンクリート建設による土木工事だけでは出来ない。土木の関係者はコンクリート工事をすることが目的の発言が多い。本当に地域や住民の安全を考えているのだろうか。自然科学の総合的、大局的な知識を必要とする。土木関係者にはもっと自然科学や社会学や海外での取り組みを勉強して、自然の活用方法を身につけて欲しいと思っている。

海外では、自然の持つ力を活用して、防災を行う例が増加している。これを自然に基づく解決（ＮＢＳ：Nature Based Solution）と呼んでいる。河川や海岸の周りに樹木を植えたり、湿地帯や湖沼域をつくり、緩衝地帯とすることがある。

特に二〇一五年は、国連サミットで採択されたＳＤＧｓ（Sustainable Development Goals：持続可能な開発目標）は、それらを謳っている。

【第Ⅱ章】　東日本大震災と気仙川・広田湾調査

小松正之

【気仙川・広田湾の変化と現状】

なぜこの生態系調査を始めたか

「森川海と人プロジェクト」の事業である「気仙川・広田湾総合基本調査」は二〇一五年度から開始した。

森川海の総合的で相互関連を求める調査は、長い間、多くの人の関心の対象にはなってはきたが、我が国において森川海の総合的で基本的なデータと状況の把握や研究が行われてきたとは言い難い。

この分野の日本における一般向けの書籍はないに等しいし、専門の書物も一つの完結した河川水系とそれにつながる海域で、包括的に行われたものに接することがない。このことは、海洋・水産行政と研究を長年見てきた筆者からすると当然の結果である。沿岸域の海洋・海域並びに資源調査も水産庁も環境省も行ったことがない。また、河川の調査にしても、地方自治体にも流水量や水質や河川域の土地の利用や動植物相に関する資料が極めて不足している。ましてや河川伏流水や地下水並びに流量に関するデータは、殆ど見られない。森林地帯の植生マップデータは、過去の分についてはない。特に五〇〜一〇〇年前に遡る過去のデータがない。従って本調査は、このような基本的なデータを収集するために始めた。歴史的データは過去の文献を地道にあたるか、年配有識者にヒアリングするなど不十分なものだった。定性的データ収集である。【図1】

基本的なデータ収集の重要性

本調査を開始した時から、森と川と海について各々の基本的な情報を収集し、包括的に組み合わせて、相互の関連と全体像が理解出来る気仙川・広田湾水系すなわち陸前高田市と住田町の陸や海洋生態系の像を提供するベースを得ることを目指した。

住田町の種山高原、五葉山と陸前高田市の氷上山などの植物相と動物相と水源と水流を目視観察と文献調査で行った。台風の後の五葉山道や山腹が著しく破壊されたのは直接の原因は大水であるが、根本的に、植物の植生の変化（笹竹消滅、広葉樹から針葉樹へ）などを、もたらしたとみられる。

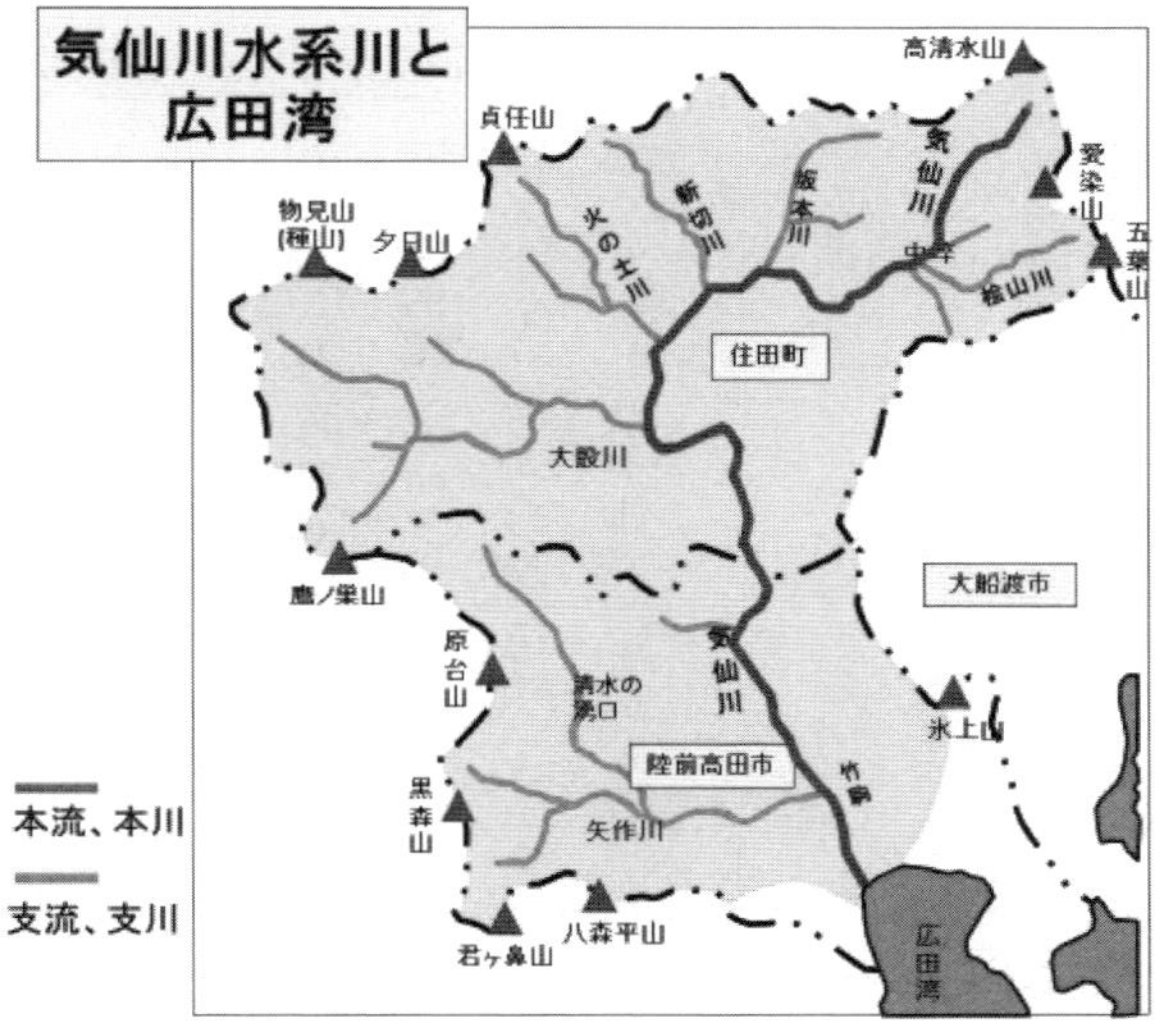

【図 1】気仙川水系模式図

五葉山のふもとから流れる気仙川本流と種山高原を源流とする大股川と小股川、そして笹の田峠と黒森山にその源を発する矢作川と中平川も全てを目視観察した。川底と川側面そして取水の状況に変化をみた。砂防ダムと堰は長年の間に土砂が堆積し、放置される。中平川の支流であり清流清水川湧水が岩手の「名水百選」の一つである。

広田湾については、湾を継続的に一周し、各年と季節による変化と高田松原の防波堤と湾の水質を観察した。湾中央での養殖業の観察と湾奥での継続した視察から、湾内での沿岸岩礁域からの養殖施設への動植物層の移動を観察した。堤防と嵩上げ工事、高田松原の造成に外部から土砂を運び入れ、盛り土と市街地の嵩上げ地から土砂が流出し、これらが海水中を浮遊して広田湾の海水の質と養殖業に悪影響を及ぼしている。

【気仙川・広田湾調査の目的について】

海洋生態系の劣化

気仙川のサケの回帰の動向は、この地域の海洋と河川の環境変化に関しての指標となる。二〇一七年度は前年度に比べて岩手県全体で一八％も回帰尾数が減少してしまった。気仙川についても、二〇一七年一〇月までは二〇一六年並みであったが、一一月に入ると、回遊がなくなった。二〇～三〇年前までは岩手県でも一二月がサケの回帰の盛期であり、回帰は翌年の二月ごろまで続いたが、最近数年間は、一一月で終了し、漁期が大幅に短縮された。二〇一八年は気仙川への回帰は前年を上回ったが広田湾と広田半島の定置網の漁獲は大幅に減少している。

養殖の生態系の変化も見てとれる。身が透明な「水ガキ」の出現、移入種のザラボヤなどが七〇％を占め、北海道から持ち込んだホタテガイの種苗が斃死する現象が観察された。このような現象は「単純に水温上昇」で説明されて見過ごされる内容だ。生態系の変化について「変化をもたらした原因と結果を包括的に捉えた予測」を提供することを目的して調査を行うことが我々の使命でもある。

農業用水・孵化場の取水

河川からは、水道水、農業用、孵化場と様々な取水がされる。畜産排水が流入する。また護岸としてコンクリートで固められるなど、本来河川が持つ生物多様性は喪失している。酸素や冷気の排出を失ったために海の水温上昇もくい止められない。河床から砂利が採集され、河川に生息し産卵する生物の重要な生息環境を破壊した。

根本的な発想の転換：パラダイムシフト

サケ回帰の減少を行政や科学者は海水温の上昇という説明で片付ける傾向があるが、森も川も海も十分にかつ諸要因を入れ大局的に見ることが重要である。我々は、それぞれの要素に関する基本情報を提供する。同時に、各要素をつなげ、大局的にその状況を説明することが大切だと考えている。

国際的な視野へ：スミソニアン環境研究所長の招聘

二〇一七年度は、アンソン・ハインズ（Anson Hines）スミソニアン環境研究所長を招聘した。ハインズ所長に陸前高田市と住田町及び大船渡市の現場を観察していただくと共に、住田町、大船渡市と陸前高田市で国際シンポジウムを開催した。また、広田町では色他湾漁協でタウンミーティングを行い、漁業者と直接対話をした。岩手県立盛岡第一高校では国際的視野の養成を目的に第三学年に特別の講演会を開催した。これらから、我々がプロジェクトを実施中の気仙川・広田湾地域での問題認識と解決及び当該地域の森川海の問題点に関する認識が高まった。

これを受けて、陸前高田市は二〇一八～二〇二〇年度の三年間予算を計上し、「広田湾・気仙川流向・流速シミュレーション」を含む、広田湾気仙川総合基本調査を一般社団法人生態系総合研究所が受託し、実施している。二〇二〇年には総合評価の結果を提出する予定である。

調査の対象地：陸前高田市と住田町の植生・地理的概要

① 森林面積は、流域全体で四九・〇七haあり、森林率が八六・五％と県平均の七七・三％と比べても高い。森林の所有状況は県平均と比べ、国有林の割合が低く民有林の割合が高い。民有林のうち私有林は陸前高田市で七〇％、住田町で七三％を占める。

② 対象地域内の主な河川（二級河川）は三水系一二河川で、全長は約一一五kmとなっている。広田湾に注ぐ気仙川水系の流域面積は五二〇㎢に及ぶ。

基本的な生物科学的、民俗的、文化的、及び産業面に関する文献資料とデータを集積することにより、気仙川水系と広田湾生態系の全体像とその要素を総合的に理解することを目的とした。

気仙川水系集水域と広田湾生態系の概要を把握することにより陸域と海域の河川と湧水及び流速・流量並びに水温の変化などを通じた関係を科学的、総合的に理解する基礎づくりを目指した。

市民が平易に理解出来る報告書ないしパンフレットを取りまとめる。
調査についての詳細を次に紹介する。

《調査実施主体》
本件の事業の実施主体として、一般社団法人「生態系総合研究所」を二〇一五年五月に設立。代表理事を小松正之が務める。調査実施チームを組織した。

チームリーダー　小松正之　一般社団法人「生態系総合研究所」代表理事
研究・調査リーダー　望月賢二　元千葉県立博物副館長
調査スタッフ　堀口昭蔵
調査スタッフ　ビル・コート
現地コーディネーター　伊藤光男
海洋調査・水温測定器設置　吉田義春
海洋調査・水温測定器設置　大和田信哉
海洋調査・水温測定器設置　鈴木　栄

【二〇一八年一一月までの調査結果　初期の観察結果】（※調査結果四七頁参照、生態系五六頁参照）

■気仙川水系は気仙川と大股川・小股川と矢作川とも水流が過去と比べて減少し、川底が土砂と砂礫の集積と共に上昇している。

■陸前高田市・住田町の森林は広葉樹林と針葉樹林の双方があり混交林も存在する。針葉樹は、明治期と植林が開始され、昭和期には二度にわたり植林。最後の植林から、経済事情と輸入材の増加で、針葉樹林が放置される。広葉樹も経済的価値がなく放置される。

■針葉樹林の落葉の腐敗が進まず、「森林からの栄養分」の循環が弱ったとみられる。気仙町の民有林では落ち葉のダムを形成。鉄砲水の原因となる。

■降雨時に一時に大量の流水が起こる状況に気仙川水系も変化した。

■気仙川水系だけでなく、濱田川、河原川と長部川など広田湾に流入する河川の水質の悪化と水流・水量の低下が進む。

■古川沼と三日市干拓地は、三陸リアス式海岸の最大の干潟であったが、土木工事により、喪失した。

■高田松原、古川沼、長部、米崎と広田泊と矢の浦など広田湾の天然環境（藻場と干潟と岩礁）を喪失した（今後航空調査で定性・定量分析）。「森からの栄養分と水循環力」が弱まったとみられる。

広田半島の広田湾沿岸に御城林と越田港など湧水が多く観察された。また、矢作川、小俣川と清水川水系に沢と湧水が多い。

■広田湾内の養殖カキの育成状況は、湾奥ほど良好であり。湾央に近くなると多少劣化する。東日本大震災後一時的に漁業養殖生産量の改善が見られたが、二〇一七年以降は劣化が見られる。

■試験的に養殖施設付近の温度を数ヶ月にわたり計測し、水温の低下とカキの生育との関係を調査した。

■気仙川に回帰するサケ量が減少し、魚体、魚卵も小型化している。漁獲数も減少している。

■広田湾内のカキ・ホヤの養殖物には、復興工事が原因とみられる土砂が蓄積される。時間が経過すると粘着性を増す。

■古川沼は、復興工事で護岸がリップアップ（投石）で固められ、海水流入が少なく、工事前とは全く異なる性質をもったものになった。

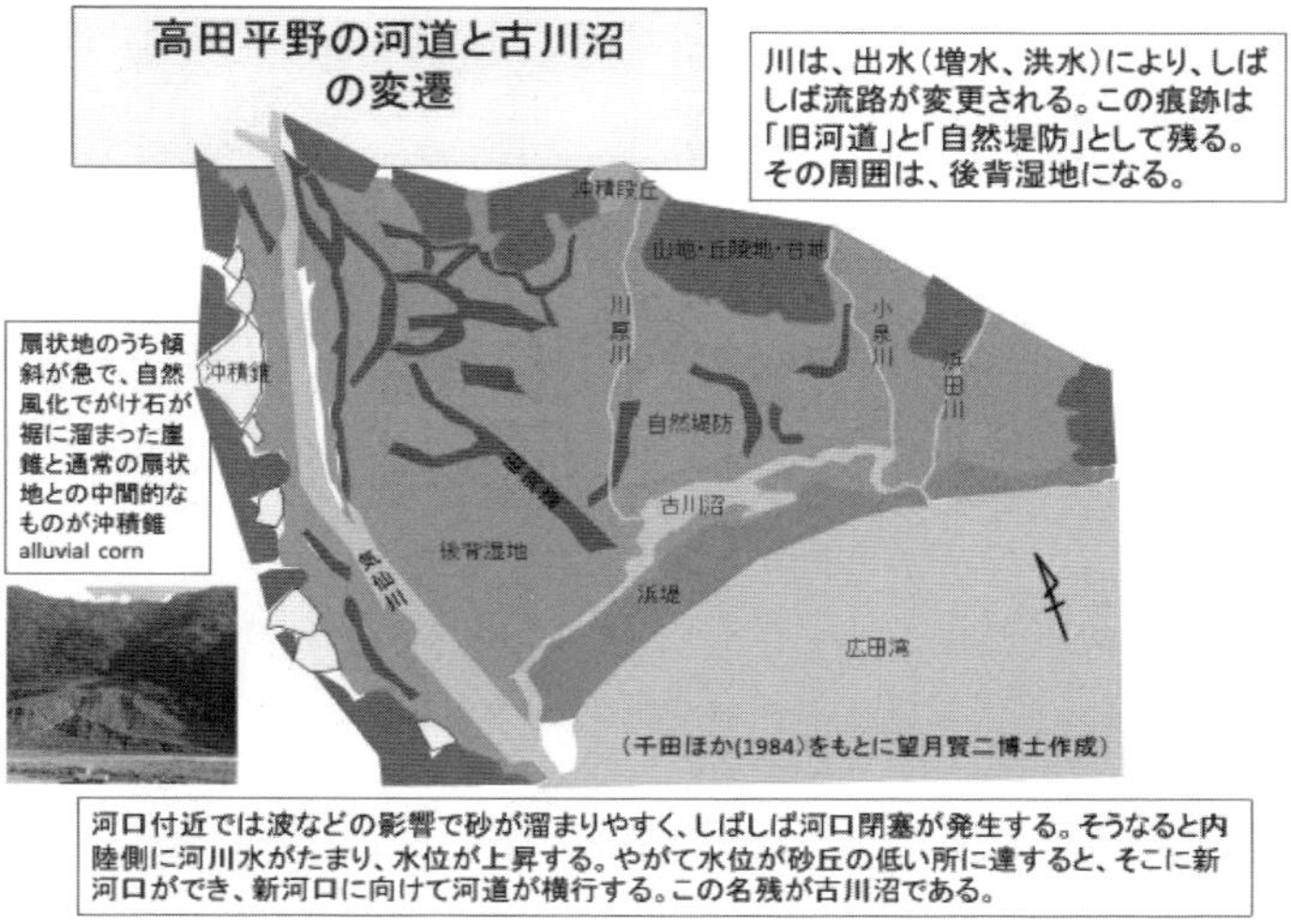

【図2】高田平野の河道と古川沼の変遷

古川沼

陸前高田市の三期に分けられる古川沼

古川沼は、もともと湿地帯と湖沼からなる場所だった。東日本大震災後の復興工事で人造湖となってしまった。

その形態と特質を大きく三期に分けることが出来る。第一期は、一九六〇年三月のチリ地震津波以前である。気仙川と川原川が入り込み、海水も入る汽水湿地帯・湖沼であった。第二期は、チリ津波以降防災を目的として高さ五・五mの第二堤防が出来上がった。河口堰が設置され基本的に、海水は遮断された淡水湖となった。第三期の現在は一二・五mの第二堤防が出来上がり、河口堰も同じ高さのものが建設されているが、若干の海水が流入するので、河口堰を開けることにより、海水塩分の低い湖になる。その結果海水では生息していた貝類が、いく分淡水化が進んで死滅する。今後この古川沼をどのようにするのかは、あぜ道の固め方と今後の周辺の野球場の建設と震災祈念公園の完成の状態によるがハード建設物の建設が中心であり、自然や生態系の保持並びに生物の多様性への配慮は観察されない。【図3（五四頁参照）】

最近では、気仙川から古川沼に流れ込む海水量が減っている。あぜ道によって海水が堰止められているのだ。あぜ道の側面に鉄管を設置し、わずかに流れ込むだけである。古川沼全体が、淡水化して、海水状態で育成していた海水系のカキが死滅した。そのほか数ミリ程度の極小の巻貝がたくさん網にかかり、また、多くのウグイが水面から飛び跳ねた。ウグイは雑食性であり、生命力がある。海底の泥の中からも栄養を取る。タモに小さなハゼが三匹もかかった。淡水・汽水系の魚である。

自然状態の古川沼とは程遠い現在の古川沼

古川沼は、土手が砕石や固めた土砂で固められていた。米国のスミソニアン環境研究所の定義でいうリップラップである。リップラップとは石と石とで護岸を形成したものである。しかし、間を固める土砂もないので、足で踏むと石が動き、歩くには大変に危険である。その上の小道は、他所から搬入した土砂で固められている。古川沼の南側の背後は高田松原の第二堤防であって、高さが二・五mである。リップラップが古川沼の周りをほぼ全て覆い尽くしている。スミソニアン環境研究所の調査では、リップラップやコンクリートないしは鉄板護岸では、自然の湿地帯や砂浜沿岸の三分の一の魚介類や生物しか生息しない。古川沼には生物が生息しにくくなる。古川沼の中腹で、堤防寄りに自然に出来た丘にはいろいろな植物が繁茂している。美しい浜昼顔、ややとがった弘法杉と黄色の葉に変換するヨシヅルが見られた。しかし、これらは独立した島状の狭い範囲のものであり、本来ならば、河原川、小泉川、古川沼の傾斜地土手全域に生えておかしくないものであるが、固められた土手には生えない。

シロザケの憤死

一一月二五日に古川沼を観察したところ、古川沼に流れ込む川原川にてシロザケは、埋め立て工事に遡上を阻止され、遡上出来ずに淀みに滞留していた。一〇〇尾程度が目視され、一〇尾程度は力尽きて死骸となっていた。北太平洋・ベーリング海・アラスカ湾から大回遊してきたサケが人間の自然に対する破壊行為によって阻まれて、産卵と生殖という彼らの生活史の最大の目的も達成することなく死を迎えた。古川沼全体でも一〇〇〇尾ほどのシロザケが遡上し、来遊したものと考えられる。米国なら環境団体が事業者ないし工事の発注業者（岩手県）を相手取り、訴訟が起きよう。工事発注者と工事業者の生物の多様性や生態系への理解と配慮を深める教育と研修の必要性が早急に検討されるべきである。

最近の古川沼

① 古川沼は、川原川付近の橋の数十m下流側で仕切られ、その両側は直径一m程度の複数のパイプでつながっている。このため、干満による水面の上下に伴い、古川沼側の水はパイプを通して流入、流出を繰り返している。調査時は、満潮に向けて水面が上昇中で、下流側（気仙川側）からの水が流入していた。

【写真 4】
高田海岸の復興事業。（俯瞰）
海岸域の水没地を埋め戻して TP3m の第 1 線堤と同 12.5 m 第 2 線堤の 2 本の防潮堤、第 2 線堤から連続した河口防潮水門などの建設が進行中。

② このことから、古川沼の水は、常時気仙川方面からの塩分を含む水であり、淡水になることは基本的にないと思われる。ただし、沼底から湧出する地下水の位置や量によって、詳細な状況が異なると推測されるが、データが全くなく不明である。

③ 上部に位置する高さの水は、流入する水と川原川や小泉川からの流入水や降雨水の量により、気仙川方向から流入する水の上に薄く広がると思われる。

④ 岸は、直径数十cm程度の石（礫）を岸斜面に敷き詰めている。このため、このような位置にある「潟湖」として、本来備わるべき干潟的干出域はない。

⑤ 立ち入った二ヶ所とも、角のある小礫が大量に混ざる砂泥質で、硬く締っていた。この角ばった礫を含む土砂投入は、二〇一一年の東日本大震災津波時における地盤沈下による古川沼水没に当たって、地形形状をもとに戻すために行った可能性が高い。

⑥ 古川沼は、本来気仙川の河口閉塞に伴う潟湖（干潟の一形態）であると考えられ、塩性湿地であったはずである。これは、江戸時代に気仙川河口が現在の位置に固定されたのちにも、洪水のたびに陸前高田海岸の中央付近に河道が変わり、チリ地震津波の際にもそこが津波の流入個所になったとの

ことである。このため、気仙川水系の地下水や伏流水が湧出する場所でもあるはずである。チリ地震津波までは、このような状態が維持されていたと推測される。しかし、チリ地震津波後、高さ五・五mの津波防止堤防が建設されたのちは、それまで水田と湿地であった陸前高田平野一帯の開発が進み、市街地化が進むと共に、多くの公共施設が建設されていった。本来の泥質湿地としての特徴ある環境は壊れていったと考えられる。また、一時期水門により海水流入が止められて淡水沼化し、富栄養化の問題が深刻になったことが伝えられている。塩性湿地としての環境と生態系が破壊されたことが指摘出来る。こうして、古川沼は、かつての姿とは大きく異なったものになった。

【写真5】
高田海岸の復興事業。（付近）

⑦ 新しく出来る「古川沼」は、高田平野の海岸砂丘（高田松原の位置にあった）の内陸側に出来た「潟湖干潟」としての要素は全く残っていないことから、単なる「人工池」としての存在にとどまろう。

また、「復元中の高田松原」の位置とその基礎となる地下構造などから、かつての豊かな自然が息づく海岸林に育つうえで多くの困難が予測される。

広田湾の現状

広田湾は、震災直後は底質環境が改善されてアワビもよく取れ、カキなどの生育も改善したと漁業者から話を聞かされた。しかし、彼らはそれも二～三年も続かなかったと語った。二〇一八年五月と七月の調査時点でもそうであったが、二〇一九年一月時点でもその環境の状況は悪くなる一方である。

広田湾の奥部の両替地区は、広田湾内でも栄養状態もよく、波浪も立たない、カキの生育には最も恵まれた養殖場である。広田湾内でカキは自然産卵する。そのカキが養殖中のカキの殻に付着し、養殖カキの栄養を奪い、その生育を阻害する。

大震災復興工事後と進む環境悪化

【図3】は高田松原の海岸に建設された高さ一二・五ｍの巨大な堤防である。二〇一一年三月の津波は一五・五ｍの波高であり、この堤防では全く防げないが岩手県三陸事務所の土木部関係部署は防災用と説明した。地下には一八・七ｍの小石等の支えがはめ込まれている。これは地下水の自由な流れに悪影響を与える可能性が大きい。広田湾に入る地下水が制約を受ける。

①ウニとアワビの激減

広田湾の環境と水質と栄養状態は、震災後には悪化している。それは養殖の生産物とアワビやウニなど生産の特徴の変化を見れば一目瞭然である。日本では必ずしも漁獲データが整備されていないが、「広田湾気仙川総合基本調査」の長所は、継続実施である。その調査・目視と聞き取りの結果が記録されている。

アワビは、その漁獲量は激減した。一時に比べて、その数量が一〇分の一以下となった。またウニについては、その総収穫量はここ三年間でも大幅減少している。

ウニの身入りも大きく減少した。卵巣部分の黄色の部分が減少し、三分の一も卵巣があるかどうかである。その代わり、糞である黒色部分が三分の二を占める。海洋の栄養分の変化によるところが大きい。ウニは通常海藻を食する。

広田半島の周辺一帯で海藻が消滅し、海藻が繁茂したところにも最近では見られない。海藻は通常海岸の縁の岩礁地帯に繁茂する。これが殆ど見られない。震災直後には、広田・泊港の外側の岩礁地帯には多くの若芽が付着していて、放置された状態になっている。

②養殖も悪化

広田湾の延縄式の養殖のカキは三年貝でも二年貝でも、七〜八月に産卵を終えた直後の九月では水ガキであった。試食を試みたが海水の味が強い。カキ特有のミルクのような甘みがしない。「カキなべ」のスタートに合わせて一〇月初めの出荷（むき身の生産者）に向けて、身の充実を期待したが、一一月下旬でも広田湾の中央部ではまだ十分に栄養分がない。

また、養殖物の貝殻・付け根に復興工事を由来すると考えられる土砂が蓄積され、時間の経過と共にヘドロ状になっている。これらが、養殖物の生理に悪影響を及ぼすことも危惧されている。

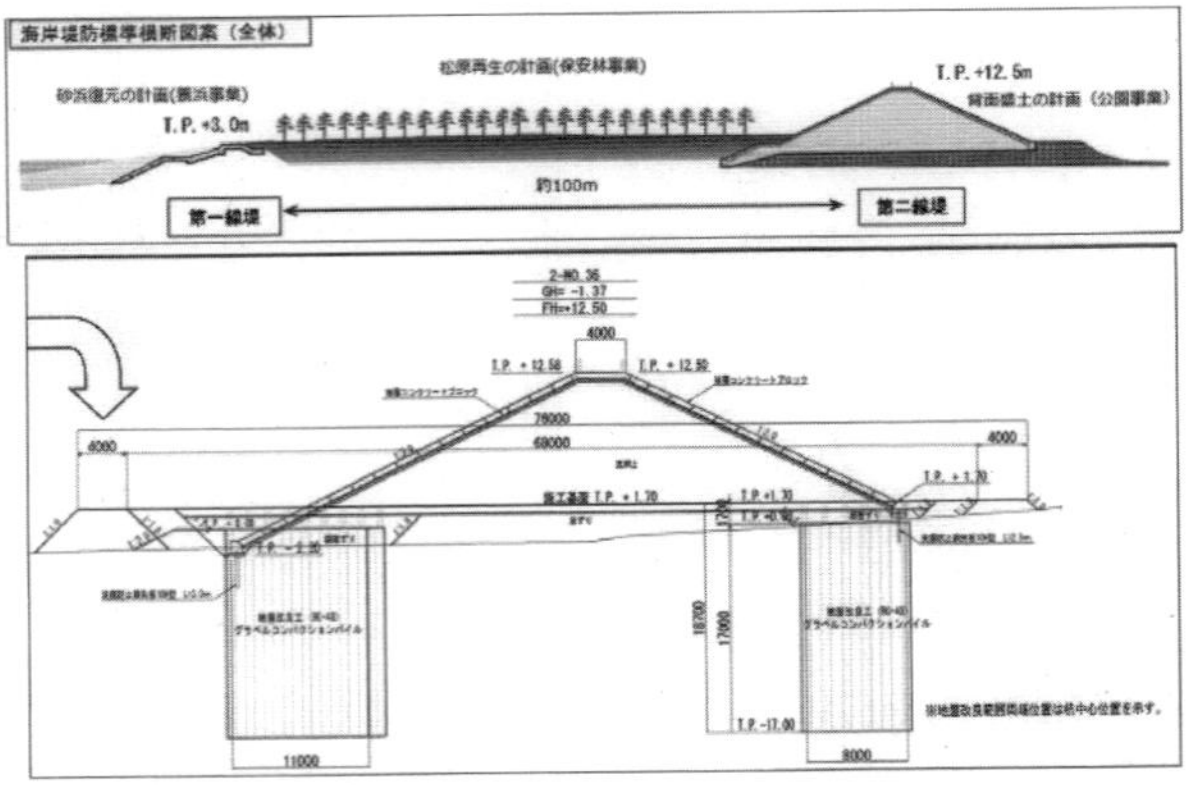

【図3】第2防潮提の構造。（作成：望月賢二）

③水温調査

広田湾の水環境については、岩手県の海流に関する一例報告や低質の簡易な情報があるだけで、詳細な調査データはない。

本調査では、広田湾の水環境を明らかにするため、まず観測条件がそろった水温について連続的な記録データを得ることを目的に開始した。連続データを得るために「メモリー付き水温計」を用いた。これによって海水の複雑な運動を知ることが出来る。一一月二五～二七日の調査で最初の記録データが得られた。

設置したのは、広田湾東側の三ヶ所である。

《位置と場所の水深》

（1）北緯三八度五八・〇二一〇分　東経一四一度四〇・八〇三一分　水深：一二・七m

（2）北緯三八度五八・二三五分　東経一四一度四〇・〇四七分　水深二三m

（3）両替漁港前、水深六・〇m

《設置方法と機器設置水深》

水温計は、重りを付けたロープの先端付近とその上方五mに固定した。そのロープを養殖用筏から吊り下げ、重りを水深約六m、

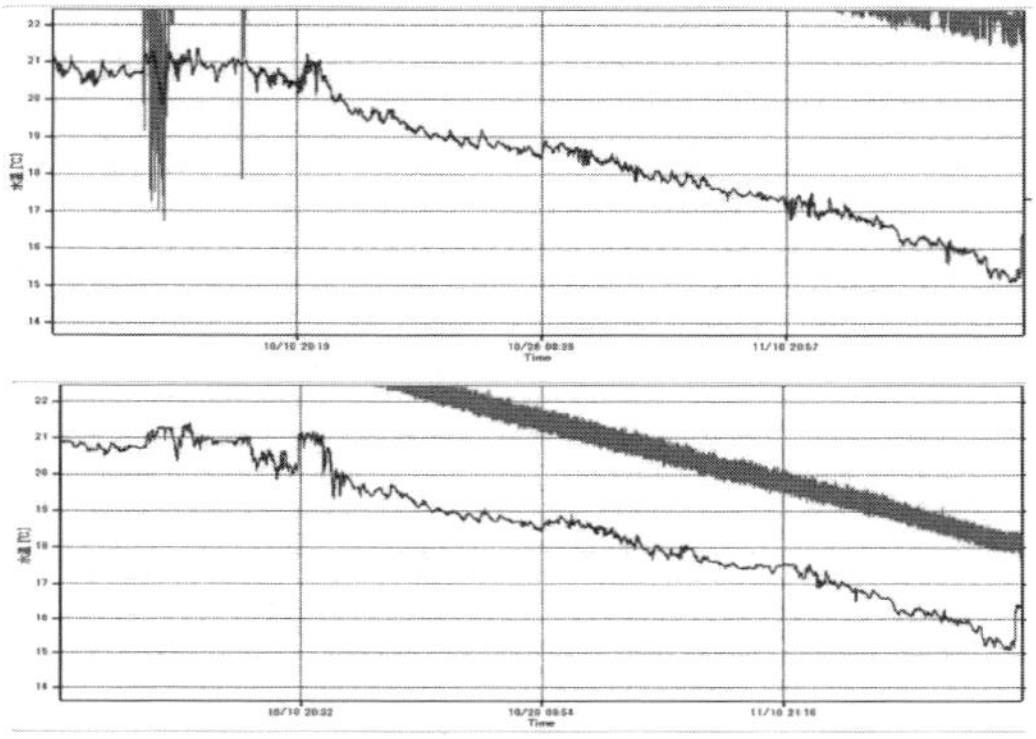

【図 4】水温の状況。
①：上：1m 層、下：6m 層。青線：水温、赤線：電池状況。
2018 年 9 月 25 日～ 11 月 26 日

温度計が水深約一mと六mに設置した。

水温計を設置したのは九月二五、二六日である。

《結果》

これは、一m層、六m層とも、基本的に同じパターンで変動していることから、同一水塊であると考えられる。

今回の再設置で、六m層の測器を現在可能な八m層に付け替えた。

また、気象データ（主に気温と風向、風力、降雨量など）の分析を加え、それによる水温変動との関係を検討することが必要であろう。

また、一〇月一二日頃までは、水温の傾向的変動は認められないが、その後は傾向的に低水温化している。この点で、一〇月一二日付近が、海況の変更点であると思われる。

気仙川上流の森林植生の変遷

①大植林時代に広葉樹が減少し牧草地が消失

気仙川水系の上流部の気仙郡住田町には森林植生の推移の統計、図面も文字情報もなく、過去の時代を遡った話を五葉山と種山高原に詳しい七〇〜八〇代の専門家から聴取した。昭和の初期と大正時代まで遡った。中心は昭和の四〇年頃からそれ以降の話となった。

住田町の森林植生が大きく変わったのは昭和の高度経済成長期の大植林からである。戦前は軍馬の育成用の牧草地が多く、戦後も農業の動力と肥料（堆肥と糞）に馬の飼育が欠かせなかった。二〇％程度の割合を占める山地や傾斜地が農耕用の馬の放牧地であった。そこに草花が咲いていた。アツモリソウ（カッコウの花）の減少は盗掘が原因といわれているが、牧草地が広大にあった頃には、アツモリソウも数多く植生していた。昭和四〇年頃から開始された、住田町の大植林の開始と共に次第に牧草地が減少していった。大植林は年間一〇〇haも植林した。主として、牧草地に、針葉樹の杉、カラマツと赤松を植えた。植林の九〇％は杉だった。植林労働力は殆ど女性であった。男はあまり従事していない。この大植林が平成まで続き、北方材を含めた木材の輸入自由化で、木材が売れなくなり、大植林は終わった。その後植林された森林は放置されたままである。

②針葉樹が三〇％から六〇％に増加

住田町では、昭和の大植林の始まる前は、牧草地が山林部の全体の二〇％もあったが、針葉樹が三〇〜

四〇％程度で広葉樹が四〇％であった。それが、大植林後は牧草地が無くなり、針葉樹が六〇％程度で残りの広葉樹が四〇％程度となった。住田町では、広葉樹を伐採し針葉樹に変えたというよりは、牧草地が針葉樹林に変わった。

高度経済成長がまた、針葉樹の植林を促進してしまった。農業の機械化が進み、また農業用の肥料も糞や堆肥から化学肥料に変わったことで、住田町の農家が、農耕馬を必要としなくなり、牧草地も必要がなくなった。現金収入になるといわれ、針葉樹林に変えたが、木材の輸入自由化が始まった（昭和三九年の木材の輸入自由化は南洋材が中心で、住田町が産出するハード材にはあまり影響がなかったが、平成になって輸入が自由化された北洋材はハード材であり、これが住田町の林業・木材価格に影響を及ぼした）。

現在、伐採しても経済的に引き合いがない状態である。

アカマツはあまり価値がない。スギは、伐採しても結局コストの方が高くついて、採算が取れない。したがって伐採しない。

針葉樹はスギが主体である。気仙スギとも言われている。マツはクロマツ系が多い。アカマツは数少ない。広葉樹はミズナラ、カエデ、ナラとブナなどに加えたくさんの灌木がある。スギは根の張り方が浅い。従って、洪水や台風と水害には弱い。東日本大震災でも広田湾の波際のスギが簡単に倒れたり、白化したり、塩害で枯れた。津波によって表土が塩をかぶり、それを浅い根のスギが吸い上げる。塩分の多い水を樹木が取り入れると、枯れてしまう。広葉樹は、木の枝が真っ直ぐには伸びない。従って、まきなどの利用は良いが木材として住宅建設用途資材として使うのはとても難儀である。杉は便利で大変に使いやすく、戦後直後の木材需要が旺盛な時に、植林をしたが、外材がマレーシアやソ連とカナダから入るようになり、杉はその経済価値を急速に失った。そして放置した。広葉樹林は日光が入りにくく、若干の日光の下で動植物とバクテリアらが共生しているが、杉のような針葉樹林はそうはならなかった。高く天空に届くほど木々が伸び、下面には太陽の光が届かない。そうすると、下草も生えずに、表土の劣化が始まる。

森林植生変遷による海の変化

①最近の気仙川とサケ・マス

近年は気仙川では捕獲尾数三・六万尾前後で推移している。遡上は、以前は一一月上旬～一二月上・中旬がピークであったが、最近は一一月下旬～一二月上旬がピークになっている。

卵の状況は数年来変化がなく、普通といえる（軟弱卵対策のカテキン浴は全卵行っている）。卵質では、一〇月は過熟や筋子が多く、精子の質が安定しなかったが、最近では一一月に入ってからは安定してきた。

②生態系破壊とサケ漁獲量の急減

最近三〇年間で、日本にはシロザケ二九・六万tが回帰していたが二〇一七年ではわずか七万t程度に落ち込んだ。単純計算では七年後に日本にはサケが帰らなくなる。これは北海道沿岸と岩手県沿岸長年にわたる、針葉樹の植林と河川工事と砂防ダムの建設に加え東日本大震災後の陸上生態系の破壊が大きい。

【今後の課題】

これまで論じたように基本的データの収集は本調査の柱であり、目的である。これを継続し、充実させる。今後は水温の自動計測の地点の広田湾奥全域への拡大と流向・流速の科学的データの集積も独自に実施していく。協力する漁業者、森林関係者と河川関係者との連携・互恵的協力体制の充実を図る。また、海外の研究機関との連携も引き続き図っていく。以下については、今後の課題である。

①環境影響評価の欠如

日本では、開発行為や堤防建設・土地造成に関して環境への配慮が行われていない。開発や採集前の環境影響調査（アセスメント調査）も行われない。例えば、岩手県陸前高田市と住田町を流域とする河川からの砂利の採集した場所の環境影響評価もなく、地ならし程度か砂で隠した程度である。また、土砂を採集した森林は、樹木を植えなおしたり、最低限草地を造成したりといった欧米諸国が行っている環境修復も一切していない。巨大堤防建設の環境影響評価も復興がを最優先として実施していない。オーストラリアや国際常識では到底有り得ないことであると、米国スミソニアン環境調査研究所長ハインズ氏も懸念を表明した。

②河川の形状　直行か蛇行か

オーストラリアの研究では蛇行する天然の河川を直線にすると却って流れが速まり、海岸と土砂の浸食がすすむことが知られている。

③土砂流出と養殖と海洋環境への影響評価

陸前高田市街地と気仙川の流域の大堤防や盛り土と嵩上げの土は市内の森林を切り崩し、一〇ヶ所程度から持ってきたがどこから持ってきたのかトレースが非常に重要で、海洋に土砂が流れ込み海洋生態系とカキやホタテとホヤの養殖生産の減少が懸念されるだけでなく、土砂中の重金属（水銀やカドミウムなど）含有量も確かめるべきであるとオーストラリアのグレートバリアリーフ海洋公園局の専門家からは指摘された。

④一〇〇年の長期のデータの重要性

また、一〇〇年前の陸前高田市の生態系、土地利用と植物相と海域の状況などを調べ丹念に地図に落とし込めば、生態系と土地利用が現在と自然の生態系の変化がわかり、それがどのように海域の状況に変化と影響をもたらすかが分かる。この作業が重要である。

⑤未来の世代のための環境保全

市民参加による環境保全活動が米国、オーストラリアなどでは盛んで、孫の世代のために環境保全への取組の重要性が強調される。

これまでのフィールドワーク

堀口昭蔵

【気仙川・広田湾総合基本調査の実際】

二〇一五年度調査活動

「気仙川・広田湾総合基本調査」が始まったのは、二〇一五年四月。民間企業のサポートを得て、小松正之（一般社団法人 生態系総合研究所）、西脇茂利（一般財団法人日本鯨類研究所 参事）、新井省吾（株式会社 海藻研究所 社長）の三名に現地協力者の伊藤光男を加えて始まった。「一般社団法人 生態系総合研究所」は、小松がこの基本調査のために設立した団体であり、代表理事に着任している。

気仙郡広田町（現 陸前高田市広田町）に生まれた小松は、ある程度の土地勘を持ってはいたものの、高校進学の一五歳で町を離れたために空白期間があった。しかし、国際捕鯨委員会（IWC）で小松の知名度が故郷でも向上したので、これが実施には大きく貢献した。地域の人間関係や人脈、地域の成り立ちなどに関する部分を補ったのは、現地協力者であり、小松の広田小中学校の同級生である伊藤光男である。伊藤は調査スケジュールに合わせ各所への連絡を取り付け、調査をスムーズに進めるために大きく貢献した。

第一回からの調査を時系列に記す。

第一回　四月二五日〜二七日

気仙川水系・大股川・小股川と気仙川上流調査と森林牧草地の目視調査
広田湾の景観、植生、水質の概況調査　広田半島の藻場・干潟と海岸線調査
矢作川、生出川、中平川、清水川の目視による水質・湧水調査

第二回　六月一七日〜一九日

長部港、長部川、青野瀬川の流域と唐桑半島沿岸調査
陸前高田市復興状況に関する聞き取り
（虹のライブラリー・荒木そうこ氏、今泉天満宮・荒木真幸宮司）

第三回　七月一八日～二〇日

現地関係者からの聞き取りにより、現在と過去の森林・河川の状態を比較
広田湾の流入水質と養殖物の生物相調査
現地森林専門家からの聞き取り　陸前高田市の森林と林業について

第四回　一〇月一六日～一八日

矢作町黒森山と気仙町の、人口植林の広葉樹林と針葉樹林の比較調査
広田湾・養殖業（カキ・ホヤ）の養殖サイクルと生態系の関連調査
古川沼、米ヶ崎半島と愛宕山の土砂採掘と埋め立て土砂の河川流出調査

第五回　一月二二日～二四日

この時より堀口昭蔵（株式会社ライスアンドパートナーズ代表取締役）が加わる
陸前高田市立博物館・本田館長、熊谷学芸委員からの聞き取り調査
広田湾海洋調査
広田湾・気仙川・古川沼上空ドローン撮影

第六回　二月二二日～二四日

広田診療所・近江所長からの聞き取り調査
三日市干拓地・広田半島ドローン撮影
広田湾小友町・カキ養殖の聞き取り調査

広田湾海洋調査
陸前高田市役所職員・高橋勝則氏からの聞き取り調査
高田松原の松を復活する会・鈴木善久氏より高田松原再生活動についての聞き取り及び高田松原由来の松苗の視察
大船渡市越喜来湾ムール貝養殖と販売についての聞き取り

第七回　三月一九日〜二一日

小友浦・両替漁港・藤田敦氏より耳釣りカキ養殖筏の視察及び聞き取り調査
広田湾海洋調査　広田湾内の定点観測、養殖ワカメ・養殖ホヤの生育調査
矢作町県有林のフィールド調査と造林事業者 佐藤隆雄氏・菅野房雄氏からの聞き取り調査
村上製材所・村上英将氏との意見交換
広田半島（泊・根崎・黒崎）ドローン撮影
大船渡市越喜来湾ムール貝養殖と販売についての聞き取り

第八回　二〇一六年三月

気仙川と広田湾の定点観測、現地専門家からの聞き取り

また、現地調査と並行し、小松による海外の研究事例の調査が行われた。この海外調査は、海外の研究事例を学んで本調査に活かすためのものであり、更に海外の進んだ環境研究者と、継続した協力体制を築くためのものでもあった。そしてこの地道な海外調査活動は、海外の多くの研究者に「気仙川・広田湾総合基本調査」を知らしめることとなり、一年後のスミソニアン環境研究所・ハインズ所長招聘へつながることとなった。

二〇一六年度調査活動

五葉山と種山ヶ原の森林地域の調査を行った。五葉山は、ヒノキ、アスナロが特徴で他の山系と異なる。八月の台風で、林道や水路が破壊され、五葉山も最近の大雨には耐えられない植物相や鉄管などの人工的構造を持っていることが確認された。種山高原はアクセスが容易で住民や保育園児と小中学生に自然に親しむ場を提供する。高田平野は、縄文海道の後退により、気仙川が堆積して出来た沖積平野であり、高田松原はその過程で成立した。古川沼は気仙川の河川閉塞で出来たものであることを明らかにした。広田湾では、海岸の津波防止用の堤防と水門構造について調べた。第一回からの調査を時系列に記す。

第一回　四月三〇日～五月二日

菅野養鶏場にて菅野広紀氏からの聞き取り調査

広田湾海洋調査（吉田善春氏・第八丸吉丸）

広田湾での養殖カキ・ホヤの成長を定期的に調査。また越田港から小友浦、両替港沖、高田松原沖までを周回し、浜の変化や海上の様子を目視確認する。

広田町中沢地区にて臼井三郎氏（九三歳／引退漁師）、臼井大治氏（九七歳／引退漁師）からの聞き取り調査。

住田町役場にて多田欣一町長への調査概要の報告及び協力依頼

第二回　八月七日～九日

住田町の歴史と概要についての聞き取り調査（湧き水・地下水など）

住田町役場多田欣一町長・職員との意見交換

2016 年 4 月 30 日
菅野養鶏場。

住田フーズ株式会社神田謙一常務取締役より鶏肉事業について聞き取り調査
村上造船所にて陸前高田市船大工・村上央《ひろし》氏からの聞き取り調査
大野公民館にて広田町業業者からの聞き取り調査と意見交換

第三回　九月一七日～一九日

中埣《なかそね》集落から五葉山中腹をフィールドワーク
陸前高田市役所にて復興状況聞き取り調査と現地視察（今泉地区高台、商業地と古川沼周辺）
広田湾海洋調査（吉田善春氏・第八丸吉丸、養殖場観察）

第四回　一〇月二一日～二三日

種山ケ原、栗木鉄山跡現地：フィールドワーク吉田洋一氏（すみたの森の案内人の会 会長）／佐々木喜之氏（住田町教育委員会）
大股川と小股川：現地フィールドワーク
環川：現地フィールドワーク
津付ダム建設予定地：現地フィールドワーク
陸前高田市街地：ドローン撮影
広田湾海上視察（吉田善春氏・第八丸吉丸）

第五回　一一月一八日～二〇日

陸前高田防潮堤のフィールドワークと岩手県沿岸広域振興局大船渡土木センター工事担当者に聞き取り調査
住田町遊林ランド種山にて森林環境学習講座「目指せ！ 森のマイスター講座 気象編」に参加。
広田湾海上視察

2016年8月9日
広田町大野公民館にて漁業者からの
聞き取り調査と意見交換。

第六回　一二月一二日〜一三日

気仙川流域：ドローン撮影（東海新報社）

株式会社いわて清流ファーム代表取締役小山富孝氏から気仙川周辺の畜産環境の聞き取り調査

陸前高田市商工会会長 伊東 孝氏から商店街の高台移転状況を聞き取り調査

気仙川フィールドワーク（火の土川合流点、新切川合流点、坂本川合流点、中和田橋、桧山川、桧山川上流域の取水堰）

第七回　二〇一七年一月二七日〜二九日

種山ケ原の森の保育園（有住保育園）：森林環境学習風景の視察

住田町・多田欣一町長へスミソニアン環境研究所・アンソン・ハインツ所長招聘協力および意見交換

大股川流域：ドローン調査・現地フィールドワーク（吉田洋一氏）

落合集落：現地フィールドワーク

樺山沢・大股川合流点：現地フィールドワーク

合地沢：現地フィールドワーク

広田湾海上視察：丸吉丸

現地事務所の設置：にじのライブラリー

第八回　三月二四日〜二六日

大船渡市戸田公明市長へスミソニアン環境研究所・アンソン・ハインツ所長招聘協力

矢作川流域合流点フィールドワークと聞き取り調査（矢作川、松倉沢、飯森合流点、愛宕下合流点、白糸の滝、清水部落・清水の湧口、ドローン撮影（東海新報社））

2017 年 1 月 29 日
現地事務所を設置。
（にじのライブラリー内）

国内調査・教育機関との調査連携

二〇一六年一一月二九日

公益財団法人地球環境戦略研究機関 国際生態学センター
上席研究員 村上 雄秀博士（学術）：「鎮守の森プロジェクト」活動内容の聞き取り調査と意見交換

二〇一七年一月一一日

京都大学農学部フィールド科学教育センター：北白川試験地
森里海連環学教育ユニット：「森里海連環学教育学」活動内容の聞き取り調査と意見交換

二〇一七年四月一三日

ＮＰＯ法人 中池見ねっと・上野山雅子氏：敦賀市・中池見湿地ビジターセンター
中池見湿地の環境保全活動について聞き取り調査
ＮＰＯ法人ウェットランド中池見 笹木進・智恵子夫妻：敦賀市
中池見湿地の環境保全活動について聞き取り調査

海外研究機関視察から（視察については第四章一八一頁を参照）

ＦＡＯ（国際食糧農業機関）、米国、カナダを訪問した。米国における研究、調査の進展と市民活動の高まりと貢献が印象に残る。特に、スミソニアン環境研究所の環境と生態系の研究水準の高さは群を抜いている。また、一般市民の川を守る活動が活発であり、成果も上げている。市民活動では、法的な知識を持つ市民も参加し、実態に関する知識を有する科学者が参画している。一方で二〇一六年の時点ではＦＡＯは、全体調整の役割を担って

2016 年 11 月 29 日
公益財団法人地球環境戦略研究機関
国際生態学センターにて
聞き取り調査と意見交換。

いると思われるが、漁業・養殖局にはその情報と知見が十分に集積されず、林業局も実態的な情報が豊富ではなく、必ずしも最新の情報となっていない。カナダでは局地的な森水と人の関係が研究されてはいるが、石油産業などが隆盛し林業が衰退すると共に、森林と水と人との研究が急速にしぼんでいる。また、大局的ではない断片的なとらえ方に変化している。その意味で大局的で基礎情報を収集しようとする気仙川・広田湾のプロジェクトはその目的と方向性において世界でも注目を浴びる要素が多く盛り込まれている。今後の研究・調査の地道な実施と進展が、きわめて重要である。

二〇一六年調査結果の概要

二〇一六年度では調査対象を陸前高田市と共に気仙川上流域である住田町に広げ、河川域と森林の把握にも努めた。二〇一七年度においては二〇一五年度と二〇一六年度の調査を継続して深化させ、更に国際的な連携と国際学術研究観光都市の構想実現のために、スミソニアン環境研究所長を招致し、国際的観点から現地調査を実施。国際的な意見交換と協力体制の樹立を目指すものとする。

■五葉山と種山ヶ原の森林地域

①陸前高田市と住田町の八〇％を占める森林の殆どは、戦後を中心に植林された針葉樹林であり、木材の輸入自由化と共に放置されてきた。五葉山には、山を象徴するヒノキアスナロの原生林があり、他の山系と異なることを確認した。二〇一六年八月の台風では林道、水路が破壊され、五葉山も近年の大雨には耐えられない樹木・植物と共に、人工的構造を持っていることが明らかになった。

②五葉山調査では、小さな沢でも出水により大量の土砂流出が起こること、更に土砂流出のパターンのいくつかについて発生の仕組みを含め明らかにした。また、これによる地形変動等に関する示唆を得た。また、その流出した土砂が海に下るまでの間の状況を記録すると共に、空中写真や旧地形図などと照合して、山・河川と海岸や河口を中心にした沿岸域の自然の仕組みとその変化の関係について検討を行なった。

③種山ヶ原はなだらかな高原であり、アクセスも容易である。住田町では「森の達人講座」が開設され、また住民や近隣市町村民、保育園児、小中学生に学習と自然に親しむ場を提供し、生きた教育の場となっている。

■気仙川水系（気仙川本流上流、大股川、矢作川）

①気仙川水系では、堰設置、流路の改変、人工護岸設置、伏流水取水、山地からに岩石等の採取など、多くの人工化が進み、様々な影響がでていることを示した。特に流下水量の減少は顕著であるとの聞き取り情報を含め、河川の人工化と用水取水が河川域から海域まで広く影響している可能性を指摘した。

河川形状やその人工化との関係で、出水時に水がどのように流れるかの記録を行い、文献資料にない情報を得ることが出来た。

②大股川水系の環川の砂防ダム（昭和三四年建設）では、土砂がダムの最上面に達して砂防の機能が失われ、サクラマス、シロザケ、アユの遡上も止められている。気仙川下流に位置する防災用の津付ダム建設中止と下流での防災との関係を含め、気仙川水系全体での総合的な把握が必要である。

③矢作川水系では、生出川水系（清水川を含む）の水量が多いが中平川水系が少ない。矢作川下流における農業ダムと、針葉樹林の保水力低下にどの程度の因果関係があるのかの調査が課題である。

■高田平野の成り立ち

高田松原とその背後の平野は、縄文海進・海退により気仙川の流下土砂が堆積して出来た沖積平野であり、またその過程で出来た砂浜であることを示した。また平野成立の過程で、気仙川の河口閉塞や出水による河道変遷との関係で古川沼が形成された。その周辺域は広大な湿地であり、古来人が開発して水田にし、更に近年は宅地化していった過程を明らかにした。また高田松原海岸は気仙川からの流下土砂により維持されてきたことを示し、水・土砂循環系の重要さを示した。

■広田湾沿岸域

①海域ではワカメやアワビ等の海産生物の漁獲量が減少し、シロザケにおける回帰率の極度の低迷、回帰親魚の高齢化と小型化、卵膜軟化症や卵膜が硬くなる症状の発生などの様々な変異の発生などを確認した。更に広田湾の漁業がカキとホヤを中心にした養殖主体になっていることなどを確認。今後、陸域の自然と人（人工化）との関係を研究するための基礎資料を得た。

海岸の津波防止堤や水門の構造や形態について整理した。また建設・設置が進み、直接海を眺めることが出来ないほど、人と海が切り離された状況を示した。これらによる沿岸域の湧水への悪影響の可能性なども指摘した。
②広田湾の小友浦・三日市浦では護岸工事とロープによるフェンスが完成し、海水の濁りと澱みが進行している。透明度も低下し、二〇一六年には天然の稚牡蠣が大量に発生した。これらの原因究明が必要である。
③広田湾の泊沖の牡蠣と「ほや」の養殖の塊には、建設由来とみられる土砂が蓄積し、経時的に増加中である。水管を通じて体内にとりこまれる養殖物への影響が懸念される。

■国内大学等との連携実績

①岩手大学農学部森林科学科　山本清龍准教授（二〇一六年一一月）
②岩手大学人文社会科学部　竹原明秀教授（二〇一六年一一月）
③京都大学フィールド科学教育センター（二〇一七年一月）
④国際生態学センター 村上雄秀氏（二〇一六年一一月）　横浜市
⑤中池見ねっと、ウェットランド中池見・笹木進・智恵子夫妻（二〇一七年四月）　敦賀市
⑥石巻専修大学 理工学部 坂田隆教授（前学長）（二〇一七年四月）

■国際学術研究都市（構想）と設立準備

①現地事務所（準備事務所）を虹のライブラリー設定（一〇月）
②本報告書の英文作成（一部を英文に翻訳し活用した）
③国際的に本調査の内容について国際的な情報発信を行った
　FAOの林業部と漁業・養殖部での紹介（二〇一六年七月四日）

スミソニアン環境研究所に中間の経過報告を行う（二〇一六年八月下旬）

スミソニアン環境研究所を訪問し二〇一六年度調査結果報告。またハインズ所長に招聘提案（二〇一七年三月）

陸前高田市と住田町の自然の魅力

■気仙地方の自然の現状と問題

気仙地方はその面積の八〇％以上を森林が占め、太古の昔から江戸・明治時代までは広葉樹林帯に覆われていた。産業材として活用が見込まれた針葉樹が明治・昭和期に植林され、戦後においてもその植林政策が継続強化され、山林の大半をスギやヒノキアスナロなどの針葉樹林が占めることとなった。一方、広葉樹林は経済的価値がないとして伐採されるか放置されてきた。戦後の高度経済成長期には、工業製品の輸出を優先した日本の産業政策により世界各地から安価な木材が輸入され、針葉樹の伐採が停止し放置されたままになっている。これが陸前高田市と住田町で、現実に起きている問題である。森林の保水力が大幅に弱まり、大雨時には大洪水となり、平常時には流水が極めて少なくなり、森林から海への栄養分の流入に加え、土砂と水量の流失が変化している。

気仙川本流上流などで河岸堤防が建設されたことも、流速が速くなり、大雨時の大水と平時の流量低下の原因である。また、水田用・発電用などへの取水が、気仙川、大股川、矢作川の随所で行われている。更に最近では、復旧工事の嵩上げや堤防建設に要する土砂を取るために、気仙町の愛宕下に加えて、飯森峠沿いなど各地で砕石砕土が進んでいる。高台への住民移転や道路建設で山や森川が各地で削られ、森林の生態系は崩れ、更には地下水源と地下水流への影響によって矢作地区では断水が生じている。

また津付ダムの建設は中止されたが、大股川の環付近では昭和三四年に建設された砂防ダムが土砂で埋まっている。放置に加えて、いたるところで道路建設と河岸補強の工事が行われているので、自然環境へ影響の把握が必要である。

気仙地方は自然の資源が豊かであるが、現在はその豊かな資源を短期的な復興工事と道路建設などの公共事業によって破壊している現状は、誰の目にも明らかである。欧米では、自然と生態系は防災力を有しているという考えが有力になりつつある。将来に活用出来る無形資産である自然と生態系を失い、気仙地方は防災にも弱くなってしまうのだろうか。

広田湾は天然の漁場であり、漁船漁業と磯漁業、養殖業が盛んなところである。しかし、近年、天然の漁業資源の減少と漁獲の減少が著しい。一方で、短期的な視点の防災のための護岸工事が広田港、長部港、脇ノ沢港、矢野浦港、大陽港などの漁港で進んでいる。これらの漁港付近は重要な磯場でもあり、産卵と育成場でもある。堤防建設工事により、広田湾の水流と水質の変化、透明度低下、土砂ヘドロ量増とアマ藻場への影響がみられる。自然の活用を目指すとき、その自然とは何か。現状はもちろん、過去と将来を知る必要が重要性を増している。そして、そのためには外国における科学的な街づくりの英知を参考に、学ぶことが大切である。

■将来の街づくりと産業創り　チェサピーク湾とモントレー湾の研究と街づくり

モントレー湾の回復にはノーベル文学賞受賞者のジョン・スタインベックや生物学者のエド・リケット、パシフィック・グローブ市長のジュリア・プラット女史をはじめ、多くの人が貢献してきた。展示や観光分野はモントレー水族館が中心となり、研究分野はカリフォルニア大学やスタンフォード大学の生物研究所が中心となり、モントレー湾は研究と展示、観光の中心地に成長した。モントレー水族館を建設したデイビット・パッカード氏やその意志を受け継いだジュリー・パッカード女史の貢献も大きく、また、米国政府もモントレー沖海域に連邦法に基づく海洋保護区を設定し、海洋の保護と調査研究の推進を図った。

モントレー水族館と魅力あるモントレーの街並みが、米国国内外からの観光力を引き付けたが、その魅力が高まったのは、ジョン・スタインベックの「缶詰横丁」（カナリー・ロー）や「エデンの東」などの小説がきっかけである。小説によってモントレー市や近郊の都市が紹介され、人々が魅了されたのである。このように、一般人の関心を引き付けるには、情報と魅力の発信が非常に重要となる。今のところ、陸前高田市や住田町には、一般の人々が関心を持つような人物像、街並みや自然でストーリー性を持ったものは不足している。科学的な研究と訓練並びに生物の展示などの域を超える魅力づくりが必要である。

■チェサピーク湾　スミソニアン環境研究所

森川海の総合研究の実態と実験的研究所　河川域への植林と栄養の吸収。

チェサピーク湾岸にあるスミソニアン研究所は、河川の氾濫防止の実験と沿岸域の防災研究（垂直護岸の禁止）および自然活用の防災の研究レベルと内容において群を抜く業績を持っている。沿岸域の研究と地球温暖化、海洋酸性化などに加え、自然林を活用した過剰栄養の吸収システムの開発や実験などである。更に水流内での栄養塩や水量・流速の研究など、総合的かつ大局的な調査研究が行われている。

こうした科学的な計画や評価の手法を学ぶことが重要であり、これらの手法の導入が広田湾と気仙川流域で可能かどうかを検討する必要がある。そのためにも、ハインズ・スミソニアン研究所所長に実際の現場を訪問してもらうことが最も迅速な行動と考える。

■自然と生態系の活用が産業の源

陸前高田市も住田町も地域の八〇％以上を森林に囲まれ、農林業と畜産業を中心に産業が営まれている。そのため、森林資源や森林生態系の活用が、地域の経済的な活性化のためには重要である。そしてその自然資源を活用するためにも、海外研究所と直接リンクした研究・訓練・教育センターを設置することが重要である。海外と連携・協力しながら海外の人材を受け入れ、国内人材をトレーニングする場としても活用することで、新たな雇用の場を生み出すこととなる。

一般市民科学者制度を日本にも創設定着させるためにも、一般市民に研究と調査に関心を持ってもらい、その能力と意欲を活用することが重要である。住田町では約一〇年前より「森の科学館」構想を有しており、森林の科学研究については住田町内で検討することが適切ではないかと考え、具体的な候補地の一つとして種山ヶ原の近辺が考えられる。

5月12日　平貝川にてドローン撮影。

■国際協力研究所の設立準備

陸前高田市に現地事務所を設立したが、まだ科学者の配置には至っていない。今後、海洋、森林と河川の専門家ないし人文科学の専門家を配置することを検討している。

スミソニアン環境研究所長の招致によって、科学的にもネットワークの構築においても、将来の日米間の国際連携の開始と強化のために有意義な始まりとなることが期待される。

国際森川海と人研究所（仮称）は、森川海と人の分野における、科学的、人文科学的な研究調査を行うものとするが、各個別にどのようなテーマを持つかは、それぞれのテーマが他の研究・調査のテーマと相互に絡み合い連携が取れるように、学際的な内容となることが好ましい。

森林については住田町をベースにするが、海洋については明治時代から漁業の伝統が受け継がれ、最も沿岸域では漁業が盛んな広田町が候補地として好ましいが、スペースやアクセスを見れば陸前高田市街地に建設することが適切であろう。

当地は大地震と大津波が比較的多く発生し、波浪や高波による全ての災害研究が可能であることに加え、沿岸域では水産と海洋関係の研究調査が行える。

今後においては、森川海と人研究のパイオニアとなる調査の内容と規模を、専門家に依頼して設計（可能性調査試験とどんな研究内容とするか）するものとする。

二〇一七年度調査活動

気仙川・広田湾プロジェクトは三年目を迎えた。特筆すべきこととして、スミソニアン環境研究所よりハインズ所長を招致したことが挙げられる。陸前高田市、大船渡市、住田町、広田町において住民シンポジウムを開催し、同所長を伴って現地調査も行った。現地調査は東日本大震災の影響と復興工事の面から多角的に行い、貴重な助言を得ることが出来た。また、環境省自然保護局、国立環境研究所、森林総研など、国内研究機関との連携も深まった。

5月14日
高田松原防潮堤。

第一回五月一二日～一四日

竹駒第一水源地（気仙川沿いの竹駒地区）：陸前高田市水道事業所　熊谷完士所長からの聞き取り調査

河川合流点の視察及びドローン撮影

米崎町農家金野誠一《こんのせいいち》氏からの聞き取り調査

防潮堤周辺の現地視察

広田湾漁業協同組合アワビ種苗センター吉田宏所長からの聞き取り調査

第二回七月九日～一一日

気仙川周辺の採石場視察（竹駒地区、矢作町押切地区、矢作町松の倉沢地区、飯森採石場、栃ケ沢地区、荒川地区、竹駒町相川地区）

五葉山登山視察

陸前高田市役所にてシンポジウムフォローアップ

両替魚港漁業者鈴木実津子氏から、日本政策金融公庫・淺野真宏氏同行にて聞き取り調査

広田湾海上調査（丸吉丸・吉田善春氏）日本政策金融公庫・淺野真宏氏同行

第三回七月一四日～一六日

国立研究開発法人 森林総合研究所東北支所梶本卓也支所長、小野賢二博士、八木橋勉博士との意見交換

認定ＮＰＯ法人環境パートナーシップいわてにて、野澤日出夫代表理事、佐々木明宏副代表理事、岩手県立大学 辻盛生准教授・金子与止男教授・島田直明准教授、小岩井農場下田一元取締役との意見交換会

小岩井農場にて、野沢日出夫代表理事、佐々木明宏副代表理事（ＮＰＯ法人環境パートナーシップいわて）と共に視察と意見交換

第四回八月二〇日

住田町が企画している年間講座「森の達人講座」の一環授業として、望月賢二博士による「森川海プロジェクト講座」が行われた

第五回九月二四日〜二六日

古川沼周辺地調査及びドローン撮影（協力：東海新報社）

陸前高田市役所：千葉徳次農林部長と打ち合わせ

高田松原を守る会鈴木善久会長から高田松原植林事業について聞き取り調査

古川沼についての過去の環境聞き取り調査

住田町役場にて佐々木喜之氏との今後に向けた打ち合わせ

住田町役場にて神田謙一町長を訪問・協議

住田町役場にて森の科学館構想の進展状況について林政課・岩田隆典氏より聞き取り調査

陸前高田グローバルキャンパスにて高橋一成氏との今後の連携体制について打ち合わせ

陸前高田市戸羽太市長への今後の方針報告

第六回一〇月二七日〜二九日

陸前高田市役所：千葉徳次農林水産部長との調査予算要求打ち合わせ

陸前高田浄化センター訪問

陸前高田市農林水産課 村上智人主任・陸前高田市建設部都市計画課下水道係 菅野大樹主事

株式会社テツゲン 東北支店気仙下水道施設・佐々木裕管理センター長

広田湾漁業協同組合サケマス孵化場：熊谷一茂場長よりサケの遡上状況を聞き取り
気仙川・矢作川流域の取水施設視察
古川沼：ドローン撮影（協力 東海新報社）
広田湾海上視察（丸吉丸 吉田善春氏）

第七回 一一月二六日～二八日

気仙川漁協員からアユの養殖状況について聞き取り調査
（矢作川支流の中平川、矢作川大滝小滝にて（白糸の滝下流）、矢作川の矢作橋とその上の橋の間、横田町金成橋にて、横田町：左岸の川砂利採取現場、横田町平貝）
黒崎仙峡：近隣視察
広田湾漁業協同組合サケマス孵化場：熊谷一茂場長からの聞き取り調査

第八回 二〇一八年一月一九日～二二日

気仙川漁業協同組合にて、高橋弘紀事務局長への気仙川調査協力依頼
広田湾漁業協同組合にて、サケマス孵化場熊谷一茂場長からの聞き取り調査
陸前高田グローバルキャンパス高橋一成氏と協力体制及び調査内容についての確認
越喜来湾、広田湾との比較調査と聞き取り調査（エンゼン栄丸水産 遠藤 誠氏、第十八宝来丸 瀧澤英喜氏）
広田湾海上調査と聞き取り調査（丸吉丸 吉田善春氏）
両替漁港にて聞き取り調査と調査協力依頼（鈴木栄・実津子夫妻）
高田松原：植樹海岸の視察

2018 年 1 月 19 日
陸前高田グローバルキャンパスにて調査体制を確認。

米国スミソニアン環境研究所アンソン・ハインズ所長の招致事業

二〇一七年度において画期的な事業となったのが、ハインズ・スミソニアン環境研究所長の招致である。ハインズ所長に、陸前高田市と住田町の現場を観察してもらうと共に、住田町、大船渡市と陸前高田市で国際シンポウムを開催。また、広田町では広田湾漁協ではタウン・ミーティングを開催した。更に岩手県立盛岡第一高校では第三学年に特別の講義を提供し、本プロジェクトを実施中である気仙川・広田湾地域での問題認識と解決への認識が高まったと実感している。

来日からの活動を時系列に記す。

二〇一七年六月二〇日〜二七日

六月二〇日

■環境省

中井徳太郎廃棄物・リサイクル対策部長、奥田直久自然環境局・自然環境計画課長

尼子直輝自然環境局・生物多様性地球戦略企画室室長補佐

小松よりハインズ所長の滞在中の全体スケジュール及び、大船渡市・広田町・住田町・陸前高田市で予定されている市民対談とシンポジウムの予定について説明。ハインズ所長からは、スミソニアン環境研究所のロケーションと研究概要についての説明が行われた。その後、奥田直久課長より、環境省が進める森里川海プロジェクトの概要説明があり、中井徳太郎部長からは二〇五〇年、二一〇〇年に向けた環境政策の核となるポイントについての説明を受けた。

2018 年 1 月 21 日
広田湾の 3 年カキの生産筏を視察。

ハインズ所長からは、政治的な環境政策の立案については、スミソニアン環境研究所は、中立的なアドバイザーであり科学的なデータの提供にとどまる、という立場について付け加えられた。

■農林水産省：奥原正明事務次官

小松より大船渡市・広田町・住田町・陸前高田市で予定されている市民対談とシンポジウムの予定について説明。ハインズ所長からは、スミソニアン環境研究所の研究概要とテーマ、運営資金の獲得などについての説明が行われた。

奥原事務次官より日本における現状の漁業の資源管理についての質問があり、ハインズ所長は漁獲量が増加し水産資源が減少していることは世界的な問題であり、持続可能な形で水産資源を管理するという今後のチャレンジについて話された。奥原事務次官はハインズ所長の意見に同意し、水産業に関する政策見直しを進める必要性を述べられた。

六月二二日

■東京財団：星 岳雄理事長、平沼 光政策研究調整ディレクター

ハインズ所長より、スミソニアン環境研究所の研究活動の内容や直面する課題などについて説明が行われた。その後、星理事長からは漁業における海水温上昇の影響、漁業資源の管理などについて質問があり、ハインズ所長と意見を交わされた。星理事長はチェサピーク湾のブルークラブやオイスターについても興味を示し、復活の状況などをたずねられ、小松からは、ハインズ所長を招致した目的でもある気仙川・広田湾プロジェクトの概要及

6月20日
農林水産省へ訪れ意見交換をする。

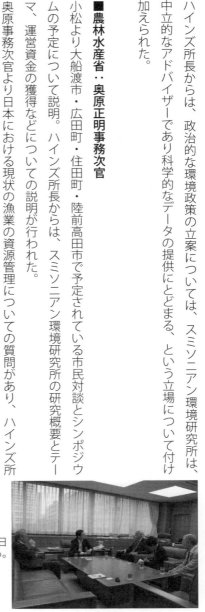

び、滞在中の大船渡市・広田町・住田町・陸前高田市で予定されている市民対談とシンポジウムについての説明が加えた。

■日本財団：国際シンポジウム「漁業資源管理と公平性」
スピーカー：ハインズ所長、小松／コーディネーター：アジア成長研究所 八田達夫氏

日本財団ビル二階大会議室を会場に、「漁業資源管理と公平性」国際シンポジウムが開催された。漁業関係者の関心が高く、定員いっぱいの約二〇〇名の聴衆で埋まった。コーディネーターを八田達夫博士が務めた。

ハインズ所長は「チェサピーク湾の漁業管理とその歴史について」約四〇分間のプレゼンテーションを行い、小松は「日本の漁業資源管理と歴史について」として、日米それぞれが抱える課題や違い、改善すべきポイントなどについてのプレゼンテーションを行った。その後約三〇分間のパネルディスカッションと聴衆からの質問に答える時間が設けられた。

質疑において、米国で多い沿岸漁業関係者を資源管理のもとに置こうとした場合、どのような方法で納得させるのかという質問に、ハインズ所長は「何もなければ、漁業は衰退する。一時的な援助金のような形を取ることではなく、科学をベースにした漁業管理を行うことだ。スミソニアン環境研究所はあくまで政策面では中立であり、科学的根拠に基づく漁業管理へのアドバイスを提供するにとどまる」と述べた。また、現在の漁業資源減少状況下で回復のゴールから逆算した場合、いつまでに施策を行えば間に合うのかという質問に対し、小松は「沿岸漁業の地味なデータ集めという作業はこれまでにやってこなかったことであり、お金も時間もかかる。しかし、いつから始めれば良いかという質問に簡潔に答える

6月20日
環境省を訪れるスミソニアン環境研究所
アンソン・ハインズ所長。

ならば、今すぐ。始めて五年もかかるなど悠長なことは言っていられない」と述べた。

国際シンポジウムの様子は、みなと新聞六月二三日版及び水産経済新聞六月二七日版に掲載され、多くの漁業関係者が知ることとなった。

六月二二日

■国立環境研究所

渡辺知保理事長、原澤英夫理事、生態系機能評価研究室 野原精一室長
生態系機能評価研究室 亀山哲主任研究員、広報室 久米英行室長、国際室 芦名秀一室長

原澤理事より国立環境研究所の概要について説明を受けたのち、ハインズ所長よりスミソニアン環境研究所の研究活動の概要や直面する課題などについて説明を行った。

その後、研究所敷地内にある、環境試料の長期保存を行うタイムカプセル棟を視察。約マイナス一六〇℃の液体窒素容器によって哺乳類、鳥類、爬虫類、魚類、日本国内絶滅危惧種など一一一種が現在凍結保存されている。

視察の後、亀山主任研究員より環境省森里川海プロジェクトの一環として取り組む、日本ウナギの資源状況と回復状況についての研究成果発表を聞く。

6月22日
国立環境研究所にて意見交換。

■森林総合研究所：沢田治雄理事長、田中浩理事

陸前高田市の沿岸の砂の流出状況や高田松原再生に使用している松について意見交換を行い、森の管理・保全状況や白神山地などにおける森林ボランティアの活動についてなど幅広い話題に触れる機会となった。その後、映像を見ながら研究所の施設・設備、役割や活

動など概要について説明を受けた。

六月二三日

■広田湾船上視察：岩手めんこいＴＶ取材・同行

前日夜に陸前高田市到着。翌朝よりハインズ所長を案内しながらの現地視察をスタートする。第八丸吉丸で広田町越田港を出港。岸沿いを三日市干拓地、両替港へ移動しながら震災前後における沿岸や海の変化をハインズ所長に説明する。その途中、千田勝治氏の船に一時乗り換え、筏式カキ養殖を視察。海に濁りを感じるが、千田勝治氏によれば雨上がりの影響とのこと。千田勝治氏は元ノリの卸問屋。一九六〇年にチリ地震津波後の防潮堤建設で湧水が流れ込まなくなり、ノリが全滅した例をあげ、現在はノリのかわりにカキが主流になったが、今回の防潮堤建設により広田湾の海洋環境が変化し、今度はカキがダメになってしまう可能性があるのではないかと危惧する。

広田湾内を一周し、ロープ垂下式のホヤとカキの養殖を視察。ワタリガニの専門家であるハインズ所長は、ホヤやカキに付着するカニに興味を示した。

視察には地元ＴＶ局の岩手めんこいＴＶより松野荘志記者兼カメラマンが同行。視察の様子は一八時からのニュースで岩手県内に放映され、活動が県内に周知された。

■地元漁師・地元婦人会主催の昼食交流会

海上視察後、昼食を兼ねた地元町民と漁業者との昼食交流会が開かれた。カキ、ホタテなどの海産物をはじめ、陸前高田の新しいブランド米「たかたのゆめ」を使ったおにぎりな

6月22日
東京財団にてスミソニアン環境研究所の活動を説明。

ど、地元食材を使った郷土料理による歓待を受けた。また地元の住民より、和船の模型船が記念品としてハインズ所長に贈られた。

■広田湾漁業協同組合アワビ種苗センター・広田町

砂田光保 広田湾漁業協同組合 代表理事組合長、吉田仁参事

昼食交流会後には、広田湾漁業協同組合による案内でアワビ種苗センターと広田町内（三鏡漁港・根崎漁港・泊漁港）を視察。アワビは、震災直後は一時的に資源が増加したかに見えたが、二〜三年経った今は、資源・漁獲は減少している。

■広田町漁業者とのタウンミーティング　広田湾漁業協同組合 倉庫二階

広田湾漁業協同組合の倉庫二階に、広田湾漁業協同組合員、婦人会あわせて三六名を集めタウンミーティングを開催した。予定していたプロジェクター機器が届かないトラブルがあり、約二〇分遅れで開始。望月より気仙川・広田湾プロジェクトとして取り組む調査の概要説明を行い、気仙川流域と広田湾を一年にわたって見続けてきたことから見えてきた懸念と今後についてプレゼンテーションを行った。ハインズ所長は「スミソニアン環境研究所がチェサピーク湾において取り組む環境修復を事例に、湾内の環境に負荷を与えないリビング・ショアライン（生きた海岸線：living shoreline）造成やカキ殻を使った環境改善、農地と海の緩衝地帯として、栄養分の吸収と堆積を防ぐための小川の造成及び河川畔への植林方法などについてプレゼンテーションし、未来の孫の世代のためにも環境の保全について取り組んで欲しい」という思いを話された。

6月23日
地元TV局の岩手めんこいTVの取材を受け、当日の18時のニュースにて周知される。

参加者からは「震災後に山の木が多く切られ、また防潮堤によって川の流れも変わってしまった。その影響が出てくるのではないだろうか」という陸と海との関係性を明らかにする調査を望む声などが聞かれた。ハインズ所長より、川の流れの変化と湿地の消滅で、生き物の生息地が失われている可能性が説明された。

六月二四日

■住田町：森の案内人による種山ヶ原の視察　住田町認定森の案内人 吉田洋一氏

気仙川の上流にある、大股川の源流となる種山ケ原を、森の案内人吉田洋一氏のガイドにより視察。同行したリンダ夫人は、米国とは異なる植物群に大変興味を示された。

■森の達人特別プログラム「ハインズ所長との対話集会」

遊林ランド種山において、森の達人プログラムの一環となる特別プログラム「ハインズ所長との対話集会」を開催した。森の案内人メンバーのほか町内外の四八名が参加。

ハインズ所長は、スミソニアン環境研究所がチェサピーク湾において取り組む環境事例をもとに、湾内の環境に負荷を与えないリビング・ショアライン造成やカキ殻を使った環境改善、農地と海の緩衝地帯となり栄養分の吸収と堆積を防ぐための小川の造成及び河川畔の植林方法などについて話された。

ハインズ所長に続き、望月により気仙川・広田湾プロジェクトによる基本調査の結果概要を発表。気仙川での人工構造物の増加や、気仙川の水の利用範囲の増大、東日本大震災後の復興事業による自然への悪影響など、自然に直接的に影響する状況についてプレゼン

6月23日
広田町漁業者とのタウンミーティングの様子。

テーションし、今後の調査研究への住民参加を呼びかけた。

質問は海岸線から離れた住田町らしく、海に関することよりも陸上から河川を経た海への栄養分の流出問題に関心が集まり、「化学肥料だけでなく有機肥料の流出は問題になるのか」などの質問があった。ハインズ所長は有機であっても使いすぎは悪影響があると答えた。その様子は東海新報六月二五日版に掲載され、また地域の出来事を放送する住田テレビ「すみたホットライン」でも紹介された。

■大股川視察：住田町認定森の案内人 吉田洋一氏

気仙川最大の支流である大股川流域を視察。森の案内人・吉田洋一氏より近年の水量の減少状況や、かつてたくさん釣れたアユが全く釣れなくなっていること、川の生き物の減少について説明が行われた。

六月二五日

■大船渡市役所：戸田公明市長、尾坪明農林水産部長

戸田公明大船渡市長より、東日本大震災の被害から六年を経た現在の大船渡市の復興状況についてのプレゼンテーションが行われた。津波による危険地域の特定と、危険ランクに準じた対策案を策定している状況について説明を受け、更に戸田市長はサヨリ、アワビ、ホタテなど魚の町として、また貨物やクルーズ観光の港としての復興を将来の目標に掲げていることを話された。

6月24日
森の達人特別プログラム
「ハインズ所長との対話集会」の様子。

■越喜来湾・吉浜視察

ホタテ養殖 船頭 瀧澤英喜氏、ムール貝養殖 船頭 遠藤誠氏

崎浜港を出港後、岸沿いに移動し、大潮崎手前で折り返して越喜来湾を一周。途中、瀧澤氏のホタテ養殖場で、ホタテの養殖状況と共に湾内に大量発生しているザラボヤによる被害状況を視察。懸下ロープにびっしりとザラボヤがつき、ホタテの生育を阻害している状況説明を受けた。震災前には岩手県内では見られなかった生き物だが、二年ほど前より被害が出始めた。北海道でも大繁殖して大きな問題となっている。

船上で船を乗り換え、遠藤氏によるムール貝とイシカゲ貝養殖の様子を視察。カキやホヤの懸下ロープに自然に付着するムール貝は、タネを購入する必要がなくコストメリットが大きい。これまではカキ養殖の邪魔者として熱湯消毒によって捨てられていたが、新しい養殖貝としての可能性を感じた遠藤誠氏によってスタートし、順調に売り上げを伸ばしている。首都圏のレストランなどからの引き合いも多い。更に遠藤氏は、広田湾の特産品としてこれまで越喜来湾漁業者では養殖者がいなかったイシカゲ貝にも取り組み始めている。

昼食後に東日本大震災による被害が極めて少なく、行方不明も最小限の一名にとどまったことで「奇跡の集落」と呼ばれている吉浜を視察。吉浜町では一九三三年の昭和三陸大地震津波後に、旧市街地での居住をやめて田んぼにし、住居は高台に移転していたことで東日本大震災の被害を免れた。

比較的低い高さに抑えられてはいるが、海岸線を隠すように防潮堤が建造されている。以前とは大きく変わってしまった浜を実際に歩くことで、海岸線から大きく離れた場所に民家が立つこの湾における、防潮堤の存在の意味について考える機会となった。

6月25日
大船渡市役所にて戸田公明市長と共に。

■大船渡市・三陸公民館：国際シンポジウム　三陸公民館

大船渡市・越喜来にある三陸公民館において、「森川海と人プロジェクト・国際シンポジウム」を開催。大船渡市行政関係者や商工関係者、森林関係者、水産関係者などを中心に約二〇〇名が参加した。

ハインズ所長は、スミソニアン環境研究所がチェサピーク湾において取り組む研究を例に、湾内環境に負荷を与えないリビング・ショアライン造成やカキ殻を使った環境改善、農地と海の緩衝地帯となり栄養分の吸収と堆積を防ぐための植林と小川の造成方法などについてプレゼンテーションを行い、未来の孫の世代のためにも環境の保全について取り組んで欲しいという思いを述べた。続く望月からは、気仙川・広田湾プロジェクトとして取り組む調査概要を説明し、気仙川での人工構造物の増加や気仙川の水の利用範囲の増大、東日本大震災後の復興事業による自然への悪影響など、気仙川流域と広田湾を一年にわたって見続けてきたことから見えてきた懸念すべき状況についてプレゼンテーションが行われ、今後の住民意識の高まりについての期待と共に、調査研究への住民参加・協力を呼びかけて締めくくった。

この様子は岩手日報及び東海新報六月二七日版に掲載された。

六月二六日

■陸前高田市街地視察　熊谷正文復興局長、千葉徳次農林水産部長

陸前高田市復興局長 熊谷正文氏の案内により、今泉地区の高台区画事業を視察。高台造成された場所には、五〇〇〜六〇〇戸が移転することが見込まれているが、計画からは六年を経過し住民の環境も大きく変化しているため、復興局の説明では実際にその数の住戸

6月25日
越喜来湾・吉浜視察。

が移転してくるかどうかは不明とのこと。

■一本松エリアを視察

一本松そばの古川沼跡地には、津波でなぎ倒された松の根がむき出しで残っている。周辺の高台造成は、山を崩した土がベルトコンベア運搬システムにより運ばれ、非常に短期間で造成を行うことが出来たとのこと。

■防潮堤と高田松原の植林事業地を視察

かつての高田松原の地に、海側にクロマツ、内地側にアカマツを植栽し、合計四万本の苗を植える予定。植栽用に海岸線に持ち込まれた砂は、殆どが三日市地区の山を崩したもの。植栽に適した浜となるように、砂は固く締まらずにふわふわになるように設計されている。視察時には、砂が雨で沈んでしまい掘り返す作業が行われていた。高田松原を守る会によって工夫されたという風よけが、砂浜の一部に設置されていた。ここの土砂の一部が、護岸を経て広田湾に流れ込んでいる。

■アバッセを中心とする商業地の復興状況について聞く

陸前高田市の嵩上げ地の中心部には、ユニバーサルデザインに配慮したという大型複合商業施設「アバッセたかた」の建設を予定している。商業施設だけでなく市立図書館が予定され、地元企業による専門店街とスーパーなどが一体となって市街地を形成する。またアバッセの周囲には、今後地元商店なども出店予定となっているが、震災前に約七〇〇だっ

6月25日
大船渡市三陸公民館にて国際シンポジウムを開催。

た商工会員の三分の一は事業の廃業を予定している。事業継続を予定している会員でも、嵩上げ商業地への移転を予定しているのは二〇～三〇と聞く。計画及び予定と実際の差が拡大している中で、工事だけが着々と進行しているという印象があった。

また、陸前高田を訪れる観光客などに対応するため、県外からのホテル誘致も進めているが、現状では誘致企業の見込みは立っていない。

6月26日
一本松エリアを視察。

■陸前高田市 サケマス孵化場視察　熊谷一茂場長、菅野泰浩水産課課長

年間一二〇〇万匹の稚魚を育成し放流する第一サケマス孵化場を視察。

気仙川の伏流水である井戸水を汲み上げ、加温。積算水温三五〇℃を目安に卵が発眼し、四八〇℃を目安に孵化する。孵化後に外のボックスに移し、一～一・三ｇで川に放流。ハインズ所長からは、放流後の回帰率に関する質問や、川で自然産卵するサケがどのくらいいるのかなどの質問が出された。一五年前には約〇・三％だった気仙川への回帰率が、近年は〇・一五％程度に低下。これは岩手県全体の傾向となっている。またサケの回帰もピーク時の九万尾から、現在では三万尾程度に減少した。

■陸前高田市役所：岡本雅之副市長　（戸羽太市長は急用にて不在となった）

シンポジウムに先立ち開催の御礼と報告を兼ね訪問。

岡本副市長からは、震災によって破壊されてしまった生態系の回復についてのアドバイスを期待する旨が述べられた。

■陸前高田市コミュニティホール　国際シンポジウム

陸前高田市コミュニティホール大会議室において、「森川海と人プロジェクト・国際シンポジウム」を開催。漁業関係者、商工会関係者、地域住民など約一五〇名が参加した。ハインズ所長は、スミソニアン環境研究所がチェサピーク湾において取り組む環境研究を例に、湾内環境に負荷を与えないリビング・ショアライン造成やカキ殻を使った環境改善方法、農地と海の緩衝地帯となり栄養分の吸収と堆積を防ぐ植林や小川の造成方法などについてプレゼンテーションを行った。更にチェサピーク湾における市民参加のカキ礁の例を紹介し、市民によって自然の浅瀬が守られていくことの重要性と共に、未来の孫の世代のためにも環境の保全について取り組んで欲しいという思いが述べた。続く望月からは、気仙川・広田湾プロジェクトとして取り組む調査の概要を説明し、気仙川での人工構造物の増加や気仙川の水の利用範囲の増大、東日本大震災後の復興事業による自然への悪影響など、気仙川流域と広田湾を一年にわたって見続けてきたことで見えてきた懸念状況のプレゼンテーションが行われ、今後の住民意識の高まりについての期待と共に、調査研究への住民参加・協力を呼びかけた。参加者からはチェサピーク湾と広田湾との環境の違いについて質問があり、ハインズ所長は、米国と日本という違いはあるが、環境の問題は共通であり、子供たちの将来に向けた取り組みを行って欲しいと呼びかけた。また、広田湾内の浅瀬、干潟の面積が非常に少なくなっている状況についての質問があったが、望月からは状況の正確な把握のためには調査の積み重ねが必要性であることを述べた。

この様子は朝日新聞岩手版六月二八日、みなと新聞六月二九日版に掲載された。

6月26日
陸前高田市サケマス孵化場視察。

■陸前高田市主催 歓迎レセプション

シンポジウムの閉会後、キャピタルホテル一〇〇〇において陸前高田市主催の歓迎レセプションに出席。陸前高田市戸羽太市長、伊藤明彦市議会議長をはじめ市関係者が数多く参加した。

六月二七日

■岩手県立盛岡第一高等学校　ハインズ所長 来日記念講演

筆者の母校である盛岡第一高等学校において、来日記念講演会を開催。三年生約三〇〇名が参加し、筆者は自身の海外経験をもとに、海外に飛び出そうと後輩へのエールを送った。ハインズ所長は、スミソニアン環境研究所がチェサピーク湾において取り組む環境研究を例に、湾内の環境に負荷を与えないリビング・ショアライン（造成やカキ殻を使った環境改善、農地と海の緩衝地帯となり栄養分の吸収と堆積を防ぐための小川の造成方法などについて話し、また、市民参加によるカキ礁の例を紹介して市民参加によって自然の浅瀬が守られていくことの重要性を訴えると共に、未来のためにも環境の保全について取り組んで欲しいという思いを込めた約九〇分間のプレゼンテーションを行った。ハインズ所長による英語のプレゼンテーションは、高校生には難易度の高いものであったが、通訳者が同席する国際会議さながらのシーンは、高校生たちの大きな刺激となったはずである。逐次通訳付きの発表に驚き、チェサピーク湾の研究の水準の高さに感銘し、英語が苦手な生徒は勉学への刺激を受けたはずだが、貴重な体験に関心を示さないものも見受けられた。

6月26日
陸前高田市コミュニティホールにて
国際シンポジウム。

スミソニアン環境研究所のハインズ所長を招致して、国際シンポウムを開催し成果を上げたが、これと並行し前年同様の海外調査も実施された。これは小松が水産庁時代に築いた政府機関への人脈による。二〇一七年八月から二〇一八年二月にかけて行われたニュージーランドとオーストラリアでの海外調査を通じ、気仙川・広田湾プロジェクトの調査視点の捉え方や考え方、今後の調査方向性において多くの助言を受け参考とすることが出来た。

一〇月　米国

スミソニアン環境研究所

スミソニアン環境研究所ハインズ所長とホイガム博士とのフォローアップ会合

スミソニアン環境研究所ハインズ所長とデニス・ホイガム（Dennis Whigham）博士と会談した。

ハインズ所長は六月に訪問した時の写真を呈示して、以下のように語った。

「現在の高台造成、高田松原と古川沼に関し、今後の計画について市は情報を提供したがらないのか、また古川沼を含む震災祈念公園の完成が三二年度であれば、まだ、改善の余地はあるかと思う。現在の計画が施設や歩道の整備が中心で、生態系の観点に乏しいと考えていたが、説明をお聞きするとその通りと思われる。とすればデニス・ブレイバーグ（Denise Breiburg）博士は湿地帯の保全や回復の取り組みの専門家であるし、日本人科学者とのパイプも太いので、陸前高田の湿地帯を検討する科学者としては、適任者の一人である。岩手県がコントロールしているとのことであるが、米国では連邦は州が決めても郡や市に権限を委譲するのが一般的で、住民の意見も反映する。陸前高田市の意見が反映されず、

6月27日
岩手県盛岡第一高等学校にて「ハインズ所長来日記念講演」開催。

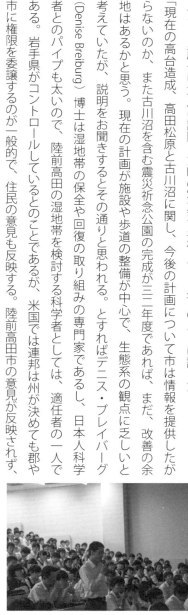

また、住民も蚊帳の外に置かれていることは、米国ではありえない。大船渡市長にも一緒に行動してもらって、県に働きかけてはいかがか。少しは良い結果が得られるのではないか」。

また、ブレイバーグ博士から、岸壁の工事と海岸線固定と海岸線のすぐ付近と沖の生物相を、海岸線の形状（自然海岸、自然の湿地帯と砕石護岸（日本で消波ブロック（テトラポット（鉄製・木製垂直護岸）に分けて、その前面の海域・湾域の生物相が〇～三mと〇～一六mで、どのように分布と種類が異なるのかを統計処理をしたところ、沿岸域には底質性生物と沿岸性の小型動物が多数居ついて、沖合には中型の魚類が生息する傾向がみられた。それでも沖合まで堤防（固定護岸）のリップラップ（すて石護岸）やバルクヘッド（隔壁護岸）ではなく、自然の形状（砂浜海岸と湿地帯）の方が魚類や甲殻類の生息数が多くなるとの調査結果がまとまった。この結果が巨大な堤防である陸前高田の堤防にあてはまるかどうかは不明であるが、一定の示唆を与えると考えられる。

ハインズ所長より、「この分野の専門家であるデニスも陸前高田を訪問したら、その観点からは貢献が出来ようと思う。ホイガム博士にせよ、ブレイバーグ博士にせよ自分では、個々の研究者の都合はわからないので、各人にお聞きいただきたい。自分には後刻お知らせいただければよい」との話があった。

小松より、「中長期で、スミソニアン環境研究所の支援を得て陸前高田市に森川海の総合研究所を設立することにご支援をいただくことは可能か」と質したところ、ハインズ所長は「スミソニアン環境研究所にはそれだけの予算がなく、距離的にも容易ではないが、出来ないとのことではない。しかし、それも現地の大学などの協力が必要である」と回答した。

小松より、「日本の大学の研究体制は細切れで、海は海、川は川、山は山でやっているので全体を包括して研究がおこなわれていない。自分としてはスミソニアン環境研究所の全てに対応する研究調査体制が必要である」と述べた。ハインズ所長からは、「それでは教育センターの設立やカリキュラムの充実の点で、具体的に考えたいが、実際の湿地の回復の設計や実施はアンダーウッド社の経験が優れており、ぜひ同社とお話をしてほしい。現実的な助言が得られると期待する」との話があった。

小松より、「ハインズ所長が来日され、森川海の研究や環境修復に対する考えが高揚したが、今後ともコンスタントに基本調査を重ねていくことが重要である。このことは研究が始まって以来、現在も考えは変わらない。初心に立ち戻って、気仙川・広田湾の基本調査を今後とも実施して、市民の啓発に努めていきたい」と話した。

夕食会でブレイバーグ博士とホイガム博士とで非公式に協議し、二〇一八年六～七月ごろに来日の同意を得ていたが、二〇一八年はプロジェクト予算の関係によって実現しなかった。

二〇一七年度調査結果の概要

本プロジェクトは、メンバーの国際的人脈によってスミソニアン環境研究所やグレートバリアリーフ海洋公園局などとの深いつながりが出来、今後、継続的に連携することが可能な状態にまで至ったことは大きな特徴であり、二〇一七年度プロジェクトにおいては、実際にスミソニアン環境研究所ハインズ所長を招致し、陸前高田市、住田町、大船渡市、加えて広田湾漁業協同組合において国際シンポジウムを開催するに至った。また同所長を伴い、現地調査も実施した。

本プロジェクトが掲げる国際生態系研究所の設立構想は、こうした海外機関との連携によって専門家を招致し具体的な助言を得るなど、一層具体性を伴ってきているが、更に推進するためにも、森川海における地道で基本的な調査活動を継続しながら、海外各機関との連携強化も継続していく必要がある。

各調査結果概要

①五葉山と種山ヶ原及び氷上山の森林地域

本年度でも、二〇一六年度に引き続き五葉山と種山ヶ原で森林植生と水源調査を実施した。また、氷上山では植物相と高田平野の広域的観察のための調査を行った。

②気仙川水系（気仙川本流下流、大股川および矢作川）

気仙川本流下流の上水場、下水処理場を視察した。また、サケマス孵化場を二〇一七年一〇月と一一月、及び二〇一八年一月の三度にわたり訪問。大股川では、ダム建設予定地（結果的には建設されなかった）付近を訪れ、矢作川ではサケマスの遡上地域と産卵地域、アユの産卵地域と生育場を視察した。

③高田平野

古川沼と高田松原の堤防並びに河口堰を数度にわたり訪問し、実態の調査とその状況の把握に努めた。また、広田湾と気仙川の関係性を承知・理解する水流・水量のシミュレーション調査につなげる予備的な調査を行った。古川沼の人工的な形成後の現状と津波以前の状況に関する比較検討を行い、また高田平野の成り立ちに関する考察を更に進めた。

④広田湾海域

広田湾の海域では、ワカメやアワビ並びにウニの天然性の生物の漁獲の減少が著しかった。マダコの一時的な漁獲の増加が確認されたが、一方でサケの回帰の減少が二〇一六年度に引き続き観察された。気仙川の推計では一〇月の回帰は前年並みであったが、一一月は大幅に減少し、一二月で回帰がほぼ終了した。岩手県全体では一八％の減少である。カキとホヤについては、その養殖場を昨年と異なり、広田湾奥の小友町の両替地区も対象にした。これにより広田湾中央部の広田地区の養殖場との比較を行った。また、越喜来湾での海洋調査と養殖状況の調査も行い、越喜来湾では外来のヨーロッパザラボヤなどの生物が増加し、ホタテガイの死滅が著しいなどの結果が判明した。広田湾奥では、三日市浦付近で海水のよどみが引き続き発見された。また、両替港の養殖施設への泥のつき方と蓄積量が著しく多いと感じられる。これは高田松原の松植林地域の土砂の流出や気仙川に流入した採石場からの流入による可能性が考えられる。

⑤採石場と砂利収集場の視察

気仙川と矢作川の流域と高田町内の採石場を視察し、これらの形状を観察すると共に、土砂の流出の度合いと森林生態系への影響及び防災上の問題点の把握に努めた。また、横田地区の気仙川本流付近では、河床からの大量の砂利の採集が行われており、これが河川の生態系に及ぼす影響について、関係者からの聞き取りを行った。

⑥浄水場、下水処理場とサケマス孵化場の視察

これらと気仙川並びに矢作川の水流と水量並びに水質との関係についての聞き取り視察を行った。

⑦二〇一七年一二月より伊藤光男氏宅に現地事務所を新たに設置。（虹のライブラリーの現地事務所は二〇一七年六月で閉鎖）

国内海外機関との連携強化

●ニュージーランド政府第一次産業省、環境省並びにダニーディン市にあるオタゴ大学他との意見交換。

●米国スミソニアン環境研究所所長と次長とフォローアップの意見交換。教育啓蒙普及の事業の支援は可能との示唆を得た。

●オーストラリアの環境省、グレートバリアリーフ海洋公園局および海洋科学研究所：グレートバリアリーフの保存の取り組みと研究について聴取し、指導を仰いだ。陸域の生態系の歴史的変化、海域の保存に及ぼす影響と保護対策の手法とそれの気仙川・広田湾プロジェクトに対する適用について示唆を得た。

●日本政策金融公庫：一〇月一六日の林水産業経営アドバイザー資格一〇周年記念シンポジウムとそのフォローアップ会合での森川海と人との試験への導入等の問題提起。

●高橋農林水産本部長との意見交換。

●森林総合研究所（つくば市）及び森林総合研究所東北支所（盛岡市厨川）

●環境省「国立環境研究所」

●環境省自然保護局

●農林水産省事務次官

二〇一八年度（四ヶ年目）調査活動・概要～新たな三ヶ年計画へ～

「気仙川・広田湾総合基本調査」は、四月を迎えた。しかし本年から陸前高田市の委託調査事業となり「広田湾気仙川総合基本調査」として、二〇一八年度から二〇二〇年度までの新たな三ヶ年計画となった。この間においても、防災を主目的とした堤防工事や、嵩上げ事業、高台造成事業により、自然生態系の悪影響は進み、更には生産物の品質低下と生産量の減少など、漁業・養殖業に対しての影響もまた顕著になっている。特に二〇一八年度前半においては、夏期における高温と高水温が長く続き、アワビやウニの生産量の減少と品質の低下が著しくなった。またカキ、ホタテなどの養殖物は貝毒の発生で長期間の出荷停止を強いられ、経済的な被害も少なくない。

陸前高田市内では東日本大震災後、コンクリートによって高田松原堤防などを作り直したが、これによる生物生息域の喪失は著しい。最近のフィールドワークでは、土砂砕石場や嵩上げ地帯などから気仙川や広田湾への土砂の流出も見られた。スミソニアン環境研究所による最新の研究では、コンクリート堤防は付近の海域や湿地帯において、底生生物や魚類が減少することが知られている。（デニス・ブレイトバーグ：Denise Breitburg 他スミソニアン環境研究所論文）

こうした状況を受け本プロジェクトは、陸前高田市との協議に基づき二〇一八年度から新たな三ヶ年計画を開始することとなった。

二〇一八年度第一回現地調査から時系列に記す。ただし陸前高田市の委託調査の対象としては、第三回の現地調査からである。

第一回五月二一日〜二三日

陸前高田市役所にて水産課 菅野泰浩課長との調査打ち合わせ

陸前高田市役所にて戸羽太市長を訪問、打ち合わせ

5月21日
陸前高田市戸羽太市長を表敬訪問。

住田町役場にて教育委員会 佐々木喜之主任・佐々木忍指導員との調査打ち合わせ
東海新報社にて鈴木英彦社長を訪問、事業説明
大船渡市役所にて戸田公明市長を訪問、打ち合わせ
越田港〜両替港、高田松原防潮堤までを海上調査を実施
両替港にて牡蠣生産者鈴木栄氏・美津子氏に調査協力依頼

第二回七月二三日〜二四日

広田湾漁業協同組合にて村上修参事兼広田湾支所長 調査協力依頼・意見交換。
両替港にて牡蠣生産者鈴木栄氏・美津子氏への調査概要説明
越田港にて水温計設置などの調査概要説明
大陽港にて水温計設置などの調査概要説明と協力依頼
サケマス孵化場熊谷場長からの聞き取り調査

第三回九月二四日〜二六日

第一回古川沼調査
越田港にて牡蠣生産者吉田善春氏水温計設置
大陽港にて大和田信哉氏水温計設置
両替港にて鈴木栄氏・美津子氏 水温計設置、あわせて海の近況について聞き取り調査
陸前高田市役所にて水産課・担当者交代による小笠原淳課長補佐、齋藤真希主事との顔合わせ
住田町役場にて元住田町林産課職員からの聞き取り調査
住田町役場にて神田謙一町長への表敬訪問及び協力依頼

第四回一一月二五日〜二七日

7月23日
両替港にて水温計などの設置への調査概要説明。

飯盛山・高田松原にて土砂流出と現況調査。(浜田川/高田松原/川原川/長部川)
越田港/大陽港/両替港にて九月に設置した水温計のデータ確認及び再設置を行う
両替付近でのサケの回帰状況を聞き取り
陸前高田市役所：調査状況の途中経過報告
サケマス孵化場熊谷場長からの聞き取り調査

第五回一月二〇日〜二二日

気仙町長部港、脇ノ沢漁港にて観測ポイント増設の為、菅野金吾氏 大坂新悦氏 計測機器の設置依頼
脇ノ沢漁港・佐々木学氏 計測機器の設置依頼
両替港、越田港、大陽港にて、一一月に設置した計測機器の引き上げ・再設置
陸前高田市役所にて菅野泰浩課長・小笠原淳課長補佐・齋藤真希主事へ二〇一八年度の終了報告と二〇一九年度からの活動について報告

二〇一八年度(四ヶ年目)今後の調査活動予定

二〇一八年から二〇二〇年までの三ヶ年を予定し八月よりスタートした二〇一八年度調査は、一〇月末までに海洋観測機器の設置(広田湾三ヶ所、越田地区、大陽地区、両替地区)に関する事前打合せ、設置場所の環境などの調査、ならびに海洋(湾)に流入する水源森林の植生ないし保水状況に関する聞き取り、目視調査、文献調査を行い、更に広田湾の対流シミュレーションに関する降水量や気温などの気象庁アメダスデータの収集、第一次回帰分析を行った。

9月25日
大陽港にて水温計を設置。

今後は古川沼においても現況を調査し、かつ歴史的変遷についても分析を加え、現在の古川沼の特徴を浮き彫りにした調査を実施する予定である。そして陸前高田市市民及び科学者に対して必要な情報を提供し、今後の政策樹立と調査研究、並びに国際交流を推進するための提言に向け調査が継続中である。

二〇一九年度（五ヶ年目）からの調査活動予定

今後は古川沼においても現況を調査し、かつ歴史的変遷についても分析を加え、現在の古川沼の特徴を浮き彫りにした調査を実施する予定である。そして陸前高田市市民及び科学者に対して必要な情報を提供し、今後の政策樹立と調査研究、並びに国際交流を推進するための提言に向け調査を今後も継続する。

1月20日
脇ノ沢港にて調査機器設置の依頼。

【第Ⅲ章】　陸・海の生態系の現状と課題

望月賢二

【1】はじめに

日本の自然・生態系の姿は、その中でそれを利用して生きてきた人の手で、自らにとってより良いものになるよう時代時代で作り変えられてきた。土台に地球環境の一部としての変化があるが、それに人と社会の歴史的発展による変化が加わるのである。現在は、人や社会の行為の極致として自然・生態系自体の破壊行為の側面が強くなってきたが、社会的にそれを指摘する声は、大変小さい。

本章では、日本と周辺海域の生態系を中心にした自然本来の姿が人によりどう変化していったか、更に現在の状況とそれに至った原因と課題について概要をまとめる。この時、対象は膨大で複雑・多岐にわたる要素が相互に影響しあっているため、出来る限り要点に絞った。主な資料のうち、省庁や自治体の白書類、報告書類、ホームページ情報等は、出典としての明記は最小限に留めた。また、その他の資料は膨大にあるが、参考になる最低限の文献の引用に留めた。

なお、論拠となるデータや資料は、多くのテーマで存在しないか、あっても非公開のため入手が困難で、結果として多くの点で定性的な議論に留まったため、本章での議論の多くは作業仮説のレベルである。今後続編等で仮説を脱するよう努力したい。

また、前述の通り本章で扱う自然・生態系は人との相互作用によって変化してきた。その自然・生態系に影響を与える行為をする人には、置かれている状況や利害があり、それが意見や主張に深く影響する。そのため、同じことに関して正反対の意見が出ることは珍しくない。このため、資料等を見る時にはそれを書いた人について注意が必要である。

1　日本の陸上・海洋生態系の概要

「生態系」とは

「生態系」は、一般的に生物の自然環境下での生活を意味する「生態」という語が示す通り、生物を基礎に「自然」を見る言葉で、単位空間内の（人と人の完全管理下にある生物を除く）全生物の種間や種内個体間の相互作用や存在状態などとそれを支える非生物的環境を包含する言葉である。ただし、この生態という語は、人によって含まれる内容が異なる場合があり、注意が必要である。

生態系に関わる重要な語に、英語の〝biodiversity〟の訳語の「生物多様性」がある。本来は、単に生物とそれに関わる要素がどの程度多様かを見る視点を与える語であるが、日本語の「生物多様性」になると「外来種」を排し、在来種のみを肯定する「社会的価値を主張する語」になっている点で注意が必要である。

この生態系が存在する世界を示す「自然」という語は、人により定義や具体的イメージが異なり、専門書などでも必ずしも明確にされていない。ここでは「人と人工構造物」以外の物理化学的環境と生物の全てを含むものとする（人を含める考え方もある）。この「自然」と「非自然」には境界的事象が多数あり、両者の境界は確定出来ない。これを「森川海」の視点（後述）で考えると、「自然」の基礎には地下水を含む水循環系があり、「自然」内の物質循環と生態系を支えると共に、変化を下流側の広い範囲に伝える。

これらを歴史的視点で見ると、非定住の狩猟採集時代は、人が自然・生態系を改変することはなく、人はその構成要素であった。縄文時代に始まった定住に伴いその周辺地域を改変・破壊しだすと、自然・生態系から独立した、その構成要素に含まれない部分が出現し始めた。「社会発展」と共にその割合や程度は増大したが、江戸時代までは居住地域の自然・生態系との共存関係に基づくその一要素としての存在が主であった。明治期以降は自然・生態系からの独立傾向が強く（共存関係が弱く）なり、二〇世紀半ば以後はほぼ完全に独立し、人は目先の利益のために自然・生態系を根本的に改変・消費・破壊し始めた。そのポイントは、化石燃料の際限ない消費と世界各地からの物資調達による生産・消費社会化であり、同時に自らが住む地域の自然・生態系に依存しない社会化である。その結果が前述の定義である。

このように自然・生態系は、各時代の人の関わり方の違いでその状況が変わり、定義も変わる。この視点から見ると、我々が属している現代は過去に例のない極めて特異なものであるが、現代社会がこのことを認識出来ていない点が、自然と生態系をめぐる現代社会の最も深刻な点である。

日本の生態系

日本は北半球中緯度の太平洋西縁・アジア大陸東縁に位置し、赤道域の熱エネルギーを高緯度域に運ぶ黒潮・対馬暖流の通り道にあり、高緯度域の寒冷水を低緯度域に運ぶ親潮などの寒流がそれらと出会う地点という基本構造により、南北方向における気候・海象の漸進的移行帯であることが生態系を考える基本点である。また、太平洋プレートとフィリピン海プレートが北米及びアジアプレート下に潜り込むことから、列島中央に多数の火山をふくむ山岳地域（脊梁山脈）を伴ない、日本の自然環境に複雑な要素を加えている。

このように、日本では南方の亜熱帯から北方の亜寒帯までの生態系が順次出現し、それに高度による気候の漸進的変化が加わる。それを大まかに見ると、南西諸島などの亜熱帯域、九州から西日本の照葉樹林帯（海岸部では暖流の影響で東方へ伸びる）、東日本の落葉広葉樹林帯、東北地方北部から北海道のより寒冷要素を加えた地帯となる。また、これらの違いにより各地域に異なった社会や文化が形成され、日本社会の歴史的発展に大きく影響してきた。このような環境特性は、海域においてもほぼ同様である。黒潮と対馬暖流が太平洋岸と日本海沿岸を北上し、ほぼ全域に影響を及ぼすことから、表層は暖流の影響が強く、暖水系生態系からなる。北からの要素を運ぶ親潮は関東沖を暖水と混合しながら東方に去る。それらの下には、更に冷たい深海の水がある。これらに応じた沿岸生態系が形成されている。

なお、以上の日本の生態系は、①主にここ数百万年間のプレート運動等で形成されてきた新しい地形の上に、②一万年前に終了した最終氷期後の、変化の小さい安定した気候のもとで形成されたものである。このことは、極めて大きな変化をしてきた地球の歴史からすると、近年の変化が大変小さい特別な状況下で形成されたものであり、今後ともこの状態が続くとは考えにくいと言える点に注意が必要である。（鎌田二〇一六など）

日本の生態系の基本的姿は以上の通りであるが、陸上生態系は歴史的に二度大きく変化している。第一回目の変化は、人が定住生活を始めた縄文時代に始まったもので、それは水田稲作を中心とする農耕の発達を基礎にしながら江戸時代まで続いた。その到達点は、現代人がイメージする「里山」に近いもので、地域の自然・生態系内でそれを活かした生活をすることで成立・維持された「里山二次生態系」である。第二回目は、二〇世紀以降における海外からの化石燃料を含む資源等の調達を基礎にしたグローバルな生産・消費社会化であり、言い換えれば地域の自然・生態系依存から脱却した社会化であり、それは自然・生態系の「開発」等の不可逆的変更や破壊を中心にした変化を伴なって、現在も進行中である。この第二回目の変化の主舞台は、陸域全体から海岸・沿岸域に及び、この影響は海域全体にも及んでいると考えられる。

この日本の自然・生態系の第二回目の変化の行きつく先が現状の延長線上にあるとすると、人為的な負の影響を受け続ける環境下で遷移等の変化を続けた結果としての「利用されず放置された自然・生態系」と人の利用する「完全管理」の「目的生物だけがいる人工空間」が無秩序に入り混じる、人にとって好ましくない姿になっていくだろう。この変化は、少子化の進行と自然・生態系の姿を知らない若年層の増大、更に自然・生態系の維持管理のノウハウなどの社会的喪失が拍車をかけると思われる。

2　生態系を支える水循環系とその機能

生態系を支える水循環系の基本的仕組みを、主に陸域において見てみよう。【図1】

水は地表面や海表面から蒸発して大気中を浮遊し、条件により雲や霧となり、主に山地で雨（雪）となる。これを森が受け止めるが、蒸発や樹冠遮断等で一部は地表に達しない。しかし、多くは地表に達し、時に一

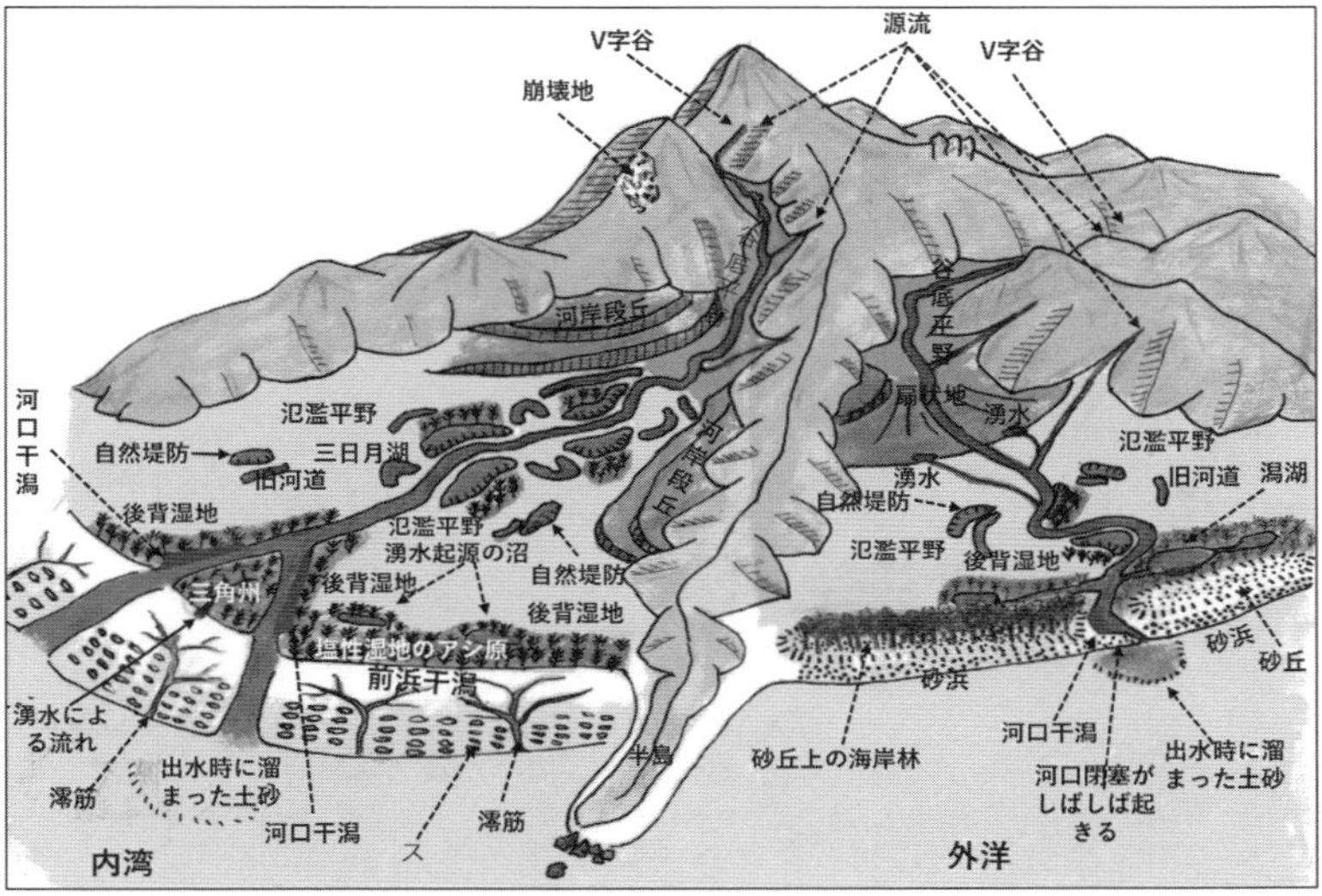

【図 1】水循環系が作り出す地形と環境（模式図）：左半分は適度な波浪下にある内湾に、右半分は強い波浪下にある外洋に面した海に河川が流入する場合で、海岸部の地形と環境が異なる（水循環系には地下水系が含まれるが、ここでは省略している）。詳細は本文参照のこと（国土地理院 HP「日本の川について」を参考に作成）。

部が地表流になるが、基本的に地中に浸透し地下水になる。地下水の一部は各所で湧出して細流となり、合して次第に大きな川になり、海に達する。河川水はその直下の伏流水や地下水との間で活発な行き来があり、大きな割合を占める地下水系と一体の水循環系を形成する。また、水の流下・移動により土砂や栄養塩、有機物などが運搬される。流下する水や土砂は、各所で陸地表面を削り・堆積して谷底《こくてい》平野、河岸段丘、扇状地、氾濫原（自然堤防、旧河道、後背湿地、三日月湖等からなる）、湖沼・湿地、三角州、干潟、砂浜海岸などの地形や環境を形成し、多様で豊かな生物を育む。この時、河道自体も蛇行が進む方向で河岸を削っていく（大矢、二〇〇六；中村、二〇一一など）。また、水生生物にとって重要な地下水は、海岸陸域や沿岸海底からも大量に湧出する（小路ほか、二〇一七）。

陸水（淡水）と海水の出会うところでは、塩分濃度の異なる様々な水塊が接し、潮汐流・風・波浪・潮流などの影響で活発に動き回り、激しく変化する汽水域環境が形成され、それに適応した多様性・再生産力が高い生態系を形成する（栗原、一九八八ほか）。

また、河川が海と出会う河口の場所が内湾か、あるいは外洋かなどの違いで、土砂堆積状況が異なり、前者では前浜干潟など、後者では砂浜や砂利浜海岸が形成されるなど、異なる海岸地形と環境を形成する。【図1】

山地から海に至る連続した水の流れが、上流と下流、あるいは川と海を行き来する動物の移動経路になり多様な生物を育むと共に、海から陸方向の物質の輸送経路になり、陸域生態系を豊かに支える。更に、時々発生する洪水が、大量の土砂を下流方向に運搬すると共に、その水と土砂が流域の生態系遷移等の経時的変化を一掃し、元に戻すことで自然・生態系を一定の範囲に収め、その環境変化に適応した生物を育む。

海域では、主に風や地球の自転、熱エネルギーなどにより形成される表層域の海流や、北大西洋や南極海などで発生する、高塩分で冷たく重い海水の沈下による深層流などがあり、それらは相互に影響しあいながら循環している。

3　日本の生態系の特徴と歴史的変遷

人は定住を始めて以後、様々に生態系を利用してきたが、その目的・方法・強度などにより生態系が変化するため、気候変動等で起きる変化を合わせ、時代や地域により異なる生態系が形成された。これが、生態系を考える上で最も重要な点である（タットマン、二〇一八など）。

縄文時代前期中頃～中期末の定住例である青森県三内丸山遺跡では、森を伐採し、平坦な草地を作り、建物や道路を造り、クリ林等の栽培をし、墓やゴミ捨て場も作った。こうした定住地では、地形が変えられ、森が減り、一年生草本や低木類が増加し、花類が増えた。この変化で、植物に依存する昆虫類や小動物等の動物相が変化するなど、周辺の生態系全体の変化が進む。この変化により、人の色彩感覚や嗅覚、触覚などの五感が発達するなど、人自身の変化が並行して進んだと考えられる（佐藤、二〇〇五など）。この人自身の変化が、周辺の自然・生態系に作用し、更なる自然・生態系の変化につながっていく。

定住から始まった変化は、農耕の拡大、富の蓄積と人口・社会の拡大等により生態系改変が進んだが、それは水田稲作の開始により新たな発展を見た。以後、水田という特異な人工湿地生態系が拡大し、コメが社会の基礎産物として人口増や都市社会の発展につながり、建築物の増加や大型化、製塩・製鉄等の燃料消費拡大など、材木や燃料の需要増大へと進んだ。これによる山林への依存度の高まりで、時に「はげ山」化による災害の増大などがあり、戦乱はこれに拍車をかけた。こうして、自然・生態系の大きな変化が進行した。

江戸時代には、戦乱停止と都市社会発展により、山林資源への依存度が急速に高まり、初期には過剰伐採による「はげ山」が増大、災害の増加へつながった。このため一七世紀後半から植林による治山・治水が進められ、一八世紀には新たに用材・薪炭・飼料や肥料等を目的とする森が作られ、水資源涵養が進み、森林に関わる産業も発達した。また、開発が進んだ新田が豊かな食材を提供し、山野から得られるものも多く、今の「里山」に近い生物多様性・現存量・再生産力が高い二次的自然生態系が形成された。この陸域の豊かさは、河川・地下水等を通して河口・沿岸域に及んでいたと推測される。

この状況が根本的に変化したのは明治期以降である。第二次産業立国化による富国強兵策が推進され、二次生態系を支えてきた第一次産業も変化した。その中心が、エネルギーの化石燃料への切り替えと資源の地球規模の調達による生産・消費に支えられたグローバルな社会化で、それは機械化と化学肥料・農薬多用化を含む都市部につながり、現金を必要とする社会化が背景にあった。また、河川等においても「人工化」が進み、様々な点からの生態系変化（悪化）が進んだと思われる。

戦後、これら「近代化」は一気に進められ、生態系の変化もその破壊ともいえるものになっていった。一九六〇年代以降、第二・三次産業立国化に沿い、労働力の大都市移動と地方の高齢化・過疎化が急速に進み、日本の自然・生態系を支えてきた第一次産業も激変・衰退していった。山林では人工針葉樹林の急速拡大（「拡大造林」政策）と山林放置による荒廃林拡大や水資源涵養の弱体化など、農業では水田の「現代型乾田化」等による水田生態系の消滅と水資源涵養力の衰退、畑地・果樹園等においてはハウスや工場等の施設内栽培の拡大である。農作業における牛、馬の役割がなくなり、畜産業の専業化や密閉（隔離）施設内飼育化が進んでいる。河川・湖沼では、主にコンクリートを用いた人工化による環境悪化により生態系悪化が進んでいる。その影響は、海岸部の都市化・人工化も加わり、沿岸域にも及び、生物資源減少・消滅が顕著である。

これらの過程で、外来生物の侵入拡大と在来生物の希少化・絶滅が進んで、生態系自体が外来生物中心に変化しつつある。更に、人工雑種・品種や人為倍数体個体、遺伝子組み換え、ゲノム編集などの遺伝子操作を含む「人工生物」の野外拡大と、多くの作物の遺伝的多様性の甚だしい低下、種子の寡占化等が進行している。この「遺伝子が操作された人工化生物」は、あらゆる生物で研究が進められ、医療、食品、鑑賞生物など広範囲に実用化が進められ、生活の中に急速に浸透しつつある。

更に、これら破壊的生態系変化と共に、地球温暖化等の地球環境問題が加わっている。

このように、日本の生態系は、「社会の発展」に伴う改変・破壊と人為的再生の繰り返しの歴史であった。しばしば「望ましい自然」として挙げられる「里山（生態系）」は、戦乱がなかった江戸時代だからうみだされた「豊かな二次的生態系」としての「作品」であり、地域の（二次）自然・生態系の利用を土台とした生活のために人が日々それらとの関わりを積重ねた結果初めて生み出されたものである。一方、現在私たちが目にするのは、人の都合で「本来の仕組みや働き」が殆ど壊された「自然・生態系類似物」ともいえるものである。今の社会はこの現状を認識せず、それが生み出す深刻な結果を点検・批判なしに受け入れ、人（社会）自身がそれと迎合するかのように変化しつつある。

また、自然・生態系や生物多様性の「保護」や「保全」の議論があるが、この議論においては、それらと人・社会の状況と関わりについての深い分析に基づく、人・社会のどこをどう変えていくかの計画を伴わなければ意味あるものにならないことは明らかである。

4　日本の「森川（里）海」と生態系

近年、「森川（里）海」の「連環」や「つながり」を掲げた本が次々と出版され（長崎、一九九八：山下、二〇〇七：山下・田中、二〇〇八：宇津木ほか、二〇〇八：向井、二〇一二：宇津木、二〇一五など）、また省庁や団体・企業のホームページを見てもこれらを掲げるものは多い。

森・川・海などの各自然・生態系が水循環系や生物等を介して相互に影響し合い、更に「里」を加える視点があるように、それに「人」が深く関わっていることは、前項で詳述したとおりである。このことは、人（社会）の在り方や関わり方によって、自然・生態系の姿が変わり、しばしば損なわれることを示している（宇津木、二〇〇五など）。

人（社会）の行為により自然生態系は変わるという視点から見ると、人（社会）の行為には、次の三つがある。

①　積極的に「悪くする」方向で考えるもの

②　善意だが結果として悪くするもの

③　関わりを持たなくなる（放置する）もの

①では、自然の仕組みや機能を考慮しない開発工事、大都市（特に首都圏一極）集中、農業「近代化」などがある。②では、「防災工事」、「自然をよくする」ために生物を放す行為や、特定生物駆除のため捕食動物を導入するなどがあり、③では、楽しむときだけ自然・生態系を利用するが維持管理にはかかわらない、少子化や高齢化等で維持管理が出来なくなる、過疎化・限界集落化などがある。

更に、現代社会では、近年の携帯端末やコンピュータに依存しきった生活から、①情報の偏り、②現実との乖離、③日常生活の中に自然体験がないこと、④自然・生態系が良好であった時代を知らないこと、⑤対象の全体像を把握しそれを多面的に見る視点が弱いなどの特徴があると思われ、多くの点で自然・生態系を良好に保つ意識が薄くなり、自然・生態系の管理は行政の仕事で、自分はその「消費者」として行動する傾向が急激に強くなっていることも重大な問題である。

【Ⅱ】現代日本の生態系の現状と課題

これまで見てきたように、日本の自然・生態系とそれに関わる人（社会）は、歴史的に第二回目の根本的変化（破壊）が進行中である。そのため日本の自然・生態系は、本来の自然・生態系や第一回目変化による「二次的自然・生態系」とは根本的に異なるものになりつつある。将来の姿は予測がつかないが、人に好ましくないものになるのは避けられないだろう。

以下、白書等の国の資料を含めた諸資料に基づき（一部を除き個別引用はしない）、日本の自然・生態系の現状やそれに影響を与える原因（理由）を整理し、変化方向等について見ていこう。

1 地球温暖化とその影響

地球温暖化は、温暖化物質の排出による地球環境の急速かつ重大な人為的変化として、生活環境や健康への被害と共に、陸域から海域に至る自然・生態系を根本から変える可能性がある。これに関しては、「気候変動に関する政府間パネル（ＩＰＣＣ）」報告書やそれらに基づく気象庁や環境省等の文書・ホームページ、更には多数の出版物や報告が出されている。これらに基づき、以下その概要についてふれる。

なお、留意すべきは、地球の歴史では、この「地球温暖化」のレベルをはるかに越えた、大きな環境変化をしてきたことであり、過去一万年の人類史における安定気候は例外的とも言えることである。何らかの「きっかけ」（現在の「地球温暖化」がこれにあたるかどうかは不明ではあるが…）で、地球環境が劇的に変化する可能性があることを忘れてはならないだろう（鎌田、二〇一六など）

また、地球温暖化説が誤りとする主張もある（伊藤、二〇〇七など参照）。もちろん、「地球温暖化説」にも科学的な正確さやデータ間の整合性など様々な問題はあるが、それ以上に「誤り説」では問題点の指摘はあるが、温暖化によるとされる諸現象（それが事実かどうかの問題もあるが…）を十分には説明出来ていない。どのような立場の人がどのような主張をしているかという問題もある。いずれにしても、温暖化説の正しさが最終的に証明されてから対策を講じても既に「手遅れ」で、人類社会は深刻なダメージを受けると予測されるため、今誤り説を支持することは出来ない。

地球温暖化の概要

地球温暖化は、温室効果ガスの人為的増加による、大気と海洋との相互作用を含む複雑な地球規模の現象である。温室効果ガスの人為的増加は、二〇世紀初頭から加速し、後半から加速度的に増加し始めた。これによる現象には、気温や海水温（表層から深海までを含む）の上昇や海流の変化、極域や高山の氷の溶出、大雨や干ばつの発生地域の変化と激化、熱波の発生など、更には海水中に溶け込む二酸化炭素の増加による水素イオン指数（pH）低下（酸性化）を始めとした諸現象など多様・複雑である。

地球の温度は、太陽熱で暖められることで上昇し、夜間の地球外への赤外線放出により降下する。温室効果ガスは、地球外へ放出する赤外線を途中で捕らえ、再放出することで温室効果ガスがないときに比べて高い温度を維持する。

原因となる主な温室効果ガスには、二酸化炭素（CO_2）、メタン（CH_4：二酸化炭素の二一～七二倍の温室効果）、一酸化二窒素（N_2O：約三〇〇倍）、特定フロンガス（CFC：物質により約五〇〇〇倍など）・代替フロン（HCFC、HFC：物質により六〇〇～三五〇〇倍など）などがある。地球温暖化は、初めは化石燃料の燃焼による大気中の二酸化炭素増加で始まったが、今後北極周辺の永久凍土や海底のメタンハイドレートなどからのメタン放出、フロンガス類の放出量増加の可能性など多様な展開が考えられる。

前述の仕組みで大気に蓄積された熱の一部は、海水中に移行して大気温度上昇を軽減すると共に、深海を含む海水の温度上昇につながり、水循環を含む海洋環境を変化させると共に大気中の水蒸気量を増加させるなど、その変化は極めて複雑である。その一例に、北大西洋と南極海で強く冷却された塩分濃度が高く重い海水の沈み込みにより発生し、深海底を移動し、地球を一周する規模の深層大海流がある（熱塩循環）。温暖化による海水温の上昇で沈み込みが弱まると、この海流が弱くなり、更に表層からの酸素供給が少なくなって深海域の酸素の濃度低下などの影響が予測されている。

現在の日本では、この地球温暖化が進む中で、熱帯・亜熱帯性動植物の北方への生息（分布）域拡大と冷温性動植物などの北方への縮小、栽培・飼育・漁獲などにおける適地の変化、熱帯・亜熱帯性有害生物の侵入・定着、産業の改変、生活・健康問題の深刻化、「自然災害」の多発・激化、気象変動の激化などが進行中である可能性が高い。また、日本海では酸素濃度の高い冷却された海水の沈み込みが弱まり、低層の酸素濃度の低下が指摘されている。また、同様のことが、琵琶湖でも観測されている。

この結果、それぞれの地域・水域生態系は、農作物を含む在来生物の絶滅や繁栄を伴う分布域の移動・縮小・拡大など、外来種の侵入・定着・爆発的増加・分布域拡大・在来種の生息（生育）阻害などを伴い、生態系は大きく変化していくことになる。実際には、これに人為的環境改変・生態系破壊が加わることになる。

温暖化に伴う海面上昇とその影響

地球温暖化による気温・水温の上昇により、極域の氷や永久凍土、氷河などが大量に溶け出し、これによる海面上昇が報告されている。また、四℃以上における水温上昇では水の体積が増大し、海面上昇が起こる（四℃以下の深海水等は四℃に達するまでは縮小）。実際に、これらの進行で最近一〇〇年間に平均一七㎝の海面上昇が観測されている。今後も温暖化が進むと海面は更に上昇すると考えられ、海岸低地への海水侵入が危惧され、すでに一部では島全体や海岸低地の水没等が進行中であるといわれる。

地球温暖化による気象変化

地球温暖化が進行した場合、降水量減少による乾燥化・砂漠化が進む地域がある一方、日本を含む中緯度地域や東南アジアなどでは降水量増加が予測されている（気象庁HPなど）。

日本では、温暖化が進むと冬季の雪が雨に変わり、積雪量減少により北陸、東北、北海道などの豪雪地帯が減少し、雪解け水によって支えられてきた水資源や自然生態系に重大な影響が懸念される。これらは内水面水産業や農業への悪影響、更には地下水の変化や土砂流下量の変化を通して、河口・沿岸域の環境変化として様々な影響が考えられる。また、夏季の酷暑と冬季の厳冬、台風の強大化や低気圧の発達など、気象激化に伴う災害の重大化と増加なども懸念される。

海洋酸性化

海水は約三・五％の塩分を含み、表層では八・〇～八・三pHと弱アルカリ性である。

一方、海水中の二酸化炭素（CO_2）は一部が水と反応して炭酸（H_2CO_3）、それが解離して炭酸水素イオン（$H^+ + HCO_3^-$）や炭酸イオン（$2H^+ + CO_3^{2-}$）と化学平衡状態になるため、二酸化炭素量が増えると水素イオン（H^+）量が増加して酸性化が進む。実際に世界の海域で酸性化の進行が観測されている。

この酸性化自体が生物にとっての脅威であるが、これが進むと、炭酸カルシウム（$CaCO_3$）の骨格や殻をもつ生物が、それを作ることが出来なくなる。そのため、これらを持つ動植物プランクトン、ウニ類、サンゴ類、貝類、甲殻類など、様々な海洋生物の成長や繁殖に影響が及ぶと考えられる。その結果、一部の生物が減少・絶滅すると、食物連鎖網を通し海洋生態系全体に重大な変化（悪化）が起き、その影響は食料供給減や観光資源消滅等の多岐にわたる社会的影響が考えられる。

また、酸性化が進むと海洋の二酸化炭素吸収能力が低下し、大気中に残る二酸化炭素の割合が増え、地球温暖化が加速する可能性が指摘されている。

地球温暖化による海流への影響

表層域における海流は、主に風によって動かされる。一方、大洋の深海底を流れる地球規模の深層海流は、主に北大西洋と南極海付近の冷たく塩分濃度の高い海水がその密度によって沈み込むことで発生する。これらは、地球規模で相互に作用しあいながら循環している。

地球温暖化により風の吹き方が変わり、あるいは沈み込む海域の水温上昇で沈み込みが弱りあるいは止まると、この海流の状況は変化することになる。これは、それぞれの環境に適応した生物の生存に対する脅威として働くと推測される。

2 陸域生態系の現状

人工林荒廃と生態系

(ア) 人工針葉樹林拡大と放置による荒廃

江戸時代に入ると、用材、燃料(薪炭)、飼料・肥料、食糧等の需要が増大し、森林の再生と利用のための維持管理が進んだ。その結果、森全体で豊かな生態系が形成され、人々はその生物資源の恩恵を享受していたと思われる。

明治期以降、殖産事業振興や戦争などで森林の伐採が進み、二〇世紀初頭頃は有史以来最も山林荒廃が進んだ時期といわれた。そのため植林が奨励されたが、第二次世界大戦のための森林乱伐で再び「はげ山」化し、深刻な災害につながった(高橋、一九七一など)。

戦後復興における材木需要増大を背景に、一九五〇年代以降、広葉樹林伐採跡地や放牧地等にスギ・ヒノキ・アカマツ・カラマツなどの成長の早い針葉樹を植林する「拡大造林」が推進され、二〇年足らずの間に人工林の四割にあたる四〇〇万haの植林が行われた(規模を縮小しながら少なくとも二〇一〇年までは継続)。その一方、自由化による安価な外国材輸入量が急増し、国産材は価格競争力を失っていった。同時に、燃料が薪炭から石油・石炭に変わり、農耕用牛馬が機械に代わり飼料採取のための山林利用がなくなり、堆肥も山野の植物やし尿に代わり化学肥料になった。更に、第二・三次産業立国政策により、若者が「金の卵」として大挙して大都市に移動して農山漁村は若年労働力を失なった。自給自足的生活から現金が必要な社会に変わったため、山林作業が行われるはずの農閑期に中高年労働力が都市に出稼ぎに行くようになった。こうして山林利用の必要性がなくなり、山に入っても赤字になり、更に働き手を失い、補助金があるため植林はされるが放置されるようになった。

このような農山村社会の変化が、地域の自然・生態系とその中での生活を変え、そこに住む人の自然に対する感覚や感性を変えていった（この時、都会人は更に大きく変化している）。その変化の中には、山林の荒廃を示唆する次のような変化が含まれている。昔から、生活用水や山に入る時の飲用水は湧水や沢・川の水が使われたが、拡大造林の前後から湧水が枯れ、飲用に不適になり、用水が水道水に、山へは水筒持参になった。

(イ) 放置人工針葉樹林の特徴

日本の自然・生態系にとって特に重要なのは、人工針葉樹林の放置による「荒廃林」の増加である。天然林や二次林の管理放棄による荒廃も問題であるが、人工針葉樹林のほうが深刻である。この放置荒廃林は特徴的な様相を呈する。以下、筆者の体験と共に、恩田（二〇〇八）、鋸屋・大内（二〇〇三）ほかを参考に見ていこう。

第一の特徴は、育成不良による材としての価値の低下である。

基本的人工林造成法では、皆伐後に幼木を密に植え、成長に伴って間伐を進め、常に成長度合いに応じた密度を維持し、林内全体に均等に光が届くようにする。これにより真直ぐで同じ高さと太さの木に育てる。このため、つる性植物除去、間伐と枝打ち、病弱木の除伐、中・低木や林床植物相の管理等が不可欠である。

一方、放置されると、間伐不足で過密になり十分な光合成が出来ず、栄養不足で頂上付近だけ葉がある「ひょろひょろ樹形」になる。また、不均等に光が当たり樹幹が曲がり、林内が薄暗くて林床が裸地化する。つる性植物が絡まり樹幹が曲がり、立枯木や病弱木が増えて、風で健康な木に倒れかかったものが増える。こうして用材価値が著しく低下する。

また、管理された山林環境に適応した草本類や低木類が消え、林内の生物多様性が著しく低下する。

第二の特徴は、地表が裸地化し、葉や枝先から落下する大型化した雨滴が地表に直接衝突することである。これにより地表付近の土壌の団粒構造が破壊され、飛び散る飛沫には微細な土粒が含まれ、地表付近の目詰まりを引き起こす。これが地表を覆う薄い被膜《クラスト》となり、雨水の地下浸透能を低下させ地表流を発生しやすくする。この地表流による洗堀で表土浸食（＝土砂流出）が進む。なお、針葉樹林でも、手入れされ樹木密度が適正であると、下層植生が発達すると共に、落葉・枯枝等が多くを占める地表面のO層が発達し、雨滴の影響が軽減され、浸透能が大きくなり、地表流や浸食が発生しにくい。

第三の特徴は、大雨時の急な増水とその後の速やかな減水、平水時の水量減少である。

豊かな生態系を持つ山地森林の水循環系では、雨水の多くが地下浸透し、その後長時間にわたり少しずつ湧出して地表を流れ、安定した河川流が維持される。本来の河川では、大雨による増水時でも、河川水の七割以上は地下水由来であるという（榧根、一九九二）。このような安定した地下水系と河川流が、流域の豊かな生態系を育む。

一方、「荒廃林」化し降雨時の地表流が増えると、河川では大雨時には急に増水し、間もなく減水する現象が進むと共に、平水時の河川水量が減少すると考えられる。この現象が近年顕著になったとの指摘は、筆者らの調査地の気仙川流域を始め、各地でよく耳にする。この事象の進行の定量的評価は難しいが、土砂災害の増加や地層中で溶出する栄養塩の減少などを含め、流域から河口・沿岸域の自然・生態系へ影響する可能性が高い。

第四の特徴は、表土崩落増加の危険性である。

スギやヒノキなどの針葉樹は根を地中深く伸ばさないために、根が山地斜面の基盤岩まで届かない。そのため根で表土を支える力が小さく、成長すると自重を支えきれず崩落しやすくなる。特に、大雨時に表土中の雨水が飽和状態になると、山地斜面の表土は基盤岩上を滑りやすく（崩落しやすく）なる。このため人工針葉樹林こそ十分な管理が必要なのである。また、災害報道をみると、大雨時の崩落個所は人工針葉樹林帯が多いようである。放置荒廃林では崩落の兆候を見つけることが難しく、また見つけても入って作業をするのが難しいなど、対処が困難になる。

一方、山地斜面崩落は、自然林であっても物質循環の基本として常に発生していたが、根を基盤岩まで下ろす広葉樹林を伐採した後に針葉樹を植えた造林地で崩落が増加していないかなどの視点が必要である。

第五には、放置された人工針葉樹林自体の問題である。

放置人工針葉樹林では、林縁部の光が当たる所には樹木や竹類が密に繁茂し、林内には殆ど光が入らなくなり、外部からの目が遮断される。そのため、ケモノ類が人目を気にせず自由に動き回りやすくなる。こうして、人の生活圏に近い放置林とその周辺域を中心に、食害、掘り起こし、屋内侵入、ヤマビルやマダニ等の有害生物の増加など、被害を生む温床になりやすく、人をこれらの場所から遠ざけることで生態系悪化につながる。

また、人手により維持されてきた山地斜面下の細流の消失と湿地化などが進む。これにより、源流部の水域規模の縮小、流下水量の減少、流下水の質の低下なども考えられる。

陸域水環境の人為的悪化と生態系

日本は世界的にも水環境悪化と湿地・水域生態系の破壊が進んだ国であり、内水面漁業や水田生態系の壊滅的現状がそれを証明している。その影響は、最近の沿岸漁業生産の明確な減少傾向が示唆するように、海域にまで及んでいると思われる。その主要原因には以下の二つが考えられる。

・水域構造の人工化と破壊（消滅）

河川・湖沼・湿地等の水域における、河岸・湖岸や河床のコンクリート化、流路の掘下げ・直線化・河道幅調整、堤防設置や周辺湿地の埋め立てとそれによる流路位置固定化、河道横断構造物設置（段差形成を含む）、陸地化（埋め立て）や蓋設置などがある。

・水の状態の悪化

取水による水資源の縮小、河川等の流下水量管理、洪水発生回数の減少、下水処理水の排出、水域へのゴ

【図2】危険になった日本の水辺。①本来の姿を残す水田とその横の生物が満ちた小川は子供たちの遊び場だった。②現代の人工化が進み危険になった水田横の農業用排水路で生物はいない。③「危険」の看板がたち、人を水辺から切り離した。④子供達も水の中で遊べず、水中に生物がいないので遊ぶ意味がなくなっている。

ミ混入、汚染物質や有毒・有害物質等による水質悪化、水域の人工化による水の流れ方の変化などが含まれる。

これらは、様々な組み合わせで複合的に発生し、その影響内容は極めて多様である。

また、我が国では、自然・生態系や地域社会への配慮が不十分なまま「人工化」が推進され、景観悪化、「触合い生物」喪失等による生活環境の質の低下、野外・水域内のゴミの増加等の変化による人々（特に若年層）の美的感覚の劣化などが進んでいる。また、これらにより人的危険性が増大しているが、地域社会はそれを無批判に受け入れている。一例に、「人工化」を原因とする事故が多数発生しているが、水辺に「危険、近づくな」という立札を建てるだけで、疑問視することなく受け入れ、生活に潤いをもたらす水域環境が地域から消滅し、人と自然・生態系の関係が切り離された。【図2】ここに、自然・生態系に関わる深刻な問題がある。

なお、ここで注意すべき点がある。【図2 ①】に示したような、かつての水生生物が豊かであった水田周りの小川などでは、頻繁な草刈り・不適植物の除去・根を張る植物の移植・蛇行や崩落の兆候の速やかな修復など、日常的な維持管理作業が伴って初めて良好な状態が維持されることである。もし、維持管理作業が不十分な場合は、人工化と同等の、水生・湿地性生物の減少を含む生態系悪化が進み、環境の急速な荒廃が進む。

これらについて、以下項目ごとに具体的に見ていこう。

A 河川・水域等の構造的人工化

この人工化は、用地・農地の拡大や洪水防止を目的に、湿地・浅所の埋め立てや流路幅を狭め、河道（流路）の掘下げ・直線化・垂直（三面）護岸化を進めるなどである。これらは、水を流下させる以外の河川本来の環境や機能を根本的に破壊する。なお、河道の直線化（蛇行部解消）は、陸地拡大以外に、水を速やかに流し洪水を防止する目的もあるが、下流部での増水負荷増大による危険性を増大させる。河道を階段状にする例も多数あるが、自然・生態系の細分化による弱体化、渇水期の絶滅促進、動物の上・下流方向の移動障害などの原因になる。【図2】

更に伏流水がなくなり、地下水湧出も大きく減少する。従って、伏流水・地下水と河川水の間の出入もなくなる。

また、適度な土砂流出が失われ、瀬や淵あるいは河床の起伏や底質の多様化などの河川が本来持つ環境多様性とそれに伴う生態系が失われる。

これらを考慮すると、「構造的人工化が進んだ河川」は、自然の機能や役割を持たない単なる「排水路」、「下水路」で、地域にとって危険な存在である。この様な「川」は農村部でも見られるが、特に市街地に多く、首都圏等の大都市では殆どがこの状態である。

また、これらの人工化に付随し、河川や河川沿いの斜面の崩落防止の「コンクリート覆い」も、河川の土砂流下量を減少させ、環境に様々な影響を与える。【図3①、②】

なお、この人工化が流下土砂量を減少させることが、海岸浸食の主要原因の一つであり、この点でも影響は沿岸域に及ぶ。

また、これら人工化にはコンクリートが多用される。コンクリートは大変便利であり、同時に価格や耐用年数の点でも優れている。しかし、自然界にはないこの物質は、多用され、自然・生態系に多大な悪影響を及ぼしている。

B　ダム・堰等の河川横断型構造物

日本の谷や河川では、ダム類や堰類などの横断構造物が極めて多い。【図3③、④】

大型の多目的ダムの場合、用水・発電・洪水防止などの複数の目的をあわせ持つ。この時、前二者では貯

【図３】水循環系人工化例。①掘下げ・直線化・垂直護岸化等人工化が進んだ川（神奈川県境川水系）、②道路による流路固定と垂直護岸化（和歌山県古座川水系）、③発電・用水・治水等が目的の草木ダム（群馬県利根川水系）、④右岸側に魚道が設置されている気仙川中和田取水堰（岩手県）。

水量が多いほど、洪水防止では少ないほど望ましいという本質的矛盾を抱えている。一般的に考えれば、この矛盾に対しては通常は最大限貯水量を増やし、大雨が予想される場合は事前に十分減らしておくという、天気予報を睨みながらの運用が唯一の方法である。しかし、実際には各ダムに運用規定があり、このようには運用されていないようである。設置時には、「多目的ダムは洪水を防ぐ」と大々的に宣伝しているが、設置反対意見を封じる方便と疑われる面がある。ダム運用による洪水被害と思われる例もあり、運用方法を含め、その妥当性について検証が必要だろう。

ダムから遠隔地への送水は普通に行われているが、これは必然的に河川水や伏流水の量を減少させ、ダムから海岸・沿岸域に至る生態系・

【図 4】砂防ダムの例。①土砂に埋まった砂防ダム（三重県熊野市）、② 2011 年 9 月の土石流が砂防ダムを超えて那智川に流れ込み大災害になった（和歌山県那智勝浦町）。

生物資源に悪影響を及ぼす。発電用の場合、落差をとるため発電所が離れた場所にある場合が多いが、この場合はダムと発電所間の水がそれだけ減少する。河道の途中で水量が大きく減少することは、その前後を含め環境や生態系に悪影響を及ぼす。

これらダムが多い河川では、明治・大正期に比べ水量が少ないとの情報が多い。山林荒廃による保水力低下の影響等も考える必要はあるが、水利権における用水用と発電用の割合は大変大きいことなどから、それらによる影響を含め、河川の在り方について再検証の必要がある。

この点では、ダム建設は「洪水を防ぐ唯一の方法」との宣伝で造られることが多いが、実際には地域外の用に供するために水利権を発生させ、河川水を用水や発電等の目的で使うためであり、「河川とそれに関わる自然・生態系を殺している」という側面を含めた再検討が必要である。

また、ダム類では必然的に土砂堆積が進み、有効貯水量は減少していき、甚だしくなると設置目的達成が困難になる。また、ダム湖では流入部付近に土砂が溜る特徴があり、定期的に掘り上げている例もある。地形図を見ると、ダム湖に流入する沢では土砂流入防止目的と思われる多数の砂防ダムが設置されている例がある。これらの影響については殆ど検証されたことはないと思われる。

砂防ダムは、一時的な効果はあるだろうが、土砂で完全に埋まった場合（しばしば見受けられる）効果は減少し、溜った土砂への対処は困難であり、堀上げの経済性などについても疑問が残る。また、満杯後に発生した土石流では、被害増大がないかどうか検証が必要であろう【図4】。

ダム類等河川横断構造物は土砂をそこで留めることで、流下土砂が河川から海岸・沿岸域までの良好な自然環境と生態系を生み出すという最も重要な河川機能を甚だしく阻害する。この影響には全国で深刻な事態になっている海岸浸食が含まれ（椹木、一九八二など）、更に海岸浸食防止のための漂砂防止堤や消波ブロック設置による沿岸生物資源の幼稚仔の育成場である砂浜砕波帯への深刻な影響につながっている。

また、河床や河原が大きな礫からなる美しい河川でも、表面の礫の下は微細な土粒で目詰まりして、間隙がなくなり、更に伏流水の湧出場所がなくなっている川は多い。各地の川漁師から聞いた話では、昔はこのようなことはなかった。確認したこのような場所の上流にはダムがあったことから、ダム湖中に漂う微細土粒が原因ではないかと考えている。また、大きな礫が転がるような出水が、ダムのために少なくなっていることも一因といえる。一般に、河床間隙は水生動物の生活や休息の場であり、営巣場所でもある。また、湧水個所は川魚等の生物が集まる場所であり、生息環境としても重要な場所であると推測されるが、これらがなくなることは河川生物にとって大きな影響がある可能性が高い。

ダム湖底に堆積した土砂を増水時の水流に乗せて排出出来る構造を持つ「排砂ダム」というタイプがある

が、これは堆積して変質した土砂を出水時の水の勢いで一気に排出するもので、流域から沿岸域に至る水域に悪影響を与えることは避けられない（一部に影響は軽微との報告もあるが検証が必要である）。

また、ダム類は、途中に異質な環境である止水域を挿入し、連続的環境を分断することで、生物の移動阻害、本来生息しない生物の侵入、流下水の水質悪化などの影響をあたえ、それは流域全体に及ぶと思われる。

小規模な堰などの場合、しばしば「魚道」が設置されているが、機能していると思われるものは少ない。機能している場合でも、移動出来る動物は限られ、その動物に対しても移動可能性を著しく下げる。更に自然の連続性の分断・細分化という問題の解決には寄与しない。魚道設置が堰類設置の免罪符のように扱われているが、魚道は評価出来る対策にはならない。

各地で、一定間隔で横断構造物を設置し、階段状河床にしている例が見られる。これにより全体的な河道傾斜は同じでも、各部分の傾斜が小さくなり、平水時には小粒径の土砂を留めるようになる。一方、河道傾斜が問題になるのは土石流発生時を含む増水時であるが、その時の効果は疑問である。この人工化は、ダム・堰類と同様、河川の自然環境の分断・細分化による弱体化、流れの静穏化による底質変化と生物相変化、生物の移動阻害などがある。

C　堤防

堤防は、河川・陸域間に造る土手状構造物で、増水時に河川水が陸域に流れ込まない（洪水または外水氾濫を防ぐ）ためのものである（内水氾濫には、別の排水が必要）。また、堤防間の可能通過流量は河道断面積と流下速度（主に河床傾斜等による）で決まる。この堤防高の決定方法は、一定期間（例えば五〇年）に一回発生する大雨確率という考え方による推定雨量における推定最大流下水量による。従って、堤防は、中・小規模の増水は防げるが、大きな被害が伴なう大規模増水は防げないといった根本的問題を抱えている。日本では、このような場合「想定外」として問題視から逃げているが、江戸時代には普通に行われていた「越流堤」などの対処法をはじめから除外している点で、極めて深刻な問題である。

堤防には、河川に沿う湿地との間の区切りとし、外側の湿地を陸地化する目的や、洪水等で変わる河道を変わらないよう固定する目的もある。この点でも河川の環境多様性や生態系を著しく損なっている。

一般に、河川は洪水時に大量の土砂を運搬し、海岸に沿った沖積平野（本章末註参照）または氾濫原と呼ばれる平坦地形を形成する。その平野では、洪水被害が多いため、主に水田などとして利用してきた。現代になると、河川堤防建設が行われ、排水技術向上や給水網発達などで平野全体の市街地形成が進み、都市化の主要舞台になってきた。このように、現代の堤防はこの都市を守るために強大化が進んでいるが、一方で災害の拡大と深刻化が進んでいる（高橋、一九七一）。

堤防は、洪水（外水氾濫）による被害を防ぐため重要であるが、河道内水位が一定以上になった場合、陸域の降雨（内水）を河川内に送り込むことが困難になり、内水氾濫に至ることになるが、これは各地で多発している。特に、河道内の土砂堆積が進み、「天井川」になった場合は深刻な問題になる。

D　まとめ

以上の河川・水域の人工化が、本章他部分で述べる原因と併せて作用し、日本の水域・湿地生態系を根本的に破壊してきたことは、内水面漁業が一九〇〇年代半ば以降ほぼ壊滅的といえるまで減少したことが証明している。また、このような問題に対し、国は河川行政の目的を従来の利水と治水に加え、環境を加えた。それに基づき、河川の「多自然化工法」の試み、ビオトープ設置、希少生物保全など、様々な事業を展開している。しかし、山林や源流域から河口に至る水循環系全体の仕組みと機能を明らかにし、そのどこに問題があるかを見直すことなく、部分的に取り組むに留まっている。このため、自然環境や生態系の悪化を止め、回復に寄与する可能性はない。

なお、本項に関わる課題にコンクリートの多用がある。コンクリートは、大変便利であり、安価でもある一方、それ自体の原材料採取と共に、それに混ぜる砂利や砕石等の採取による自然・生態系破壊を伴う。更にそれを使用したことによる水や物質循環系への悪影響を含めた自然の悪化、灰汁の溶出などの様々なマイナスの働きを持つ。コンクリート多用を考え直す時期に来ていることは間違いないだろう。

水資源とその利用による影響

(ア)　水資源と取水

日本における水資源利用とそれに伴い出る下水処理について、国交省ホームページ資料等によりその動向を見ておこう。

日本の降水量は約六四〇〇億㎥／年（一九八一〜二〇一〇年平均値）で、約三分の一は蒸発散する。残りの約四一〇〇億㎥／年は理論上利用可能な最大量（水資源賦存量と呼ばれる）で、実際の使用量はその約二割、残りは地下水や河川水として最終的に海へ流下する。

一九七五年の使用量は八五〇億㎥／年、その後漸増し一九九〇年代に八九〇億㎥／年を記録、その後漸減して二〇一一年は八〇九億㎥／年である。その内訳は以下の通りである。

生活用水は一九七五年に一一四億㎥／年、その後漸増し一九九〇年代に一六五億㎥／年になり、その後漸減して二〇一一年では一五二億㎥／年であった。工業用水は一九七五年に一六六億㎥／年を記録した後に漸減し、二〇一一年では一一三億㎥／年になった。農業用水は、一九七五年に五七〇億㎥／年の後漸増し、一九九〇年代には五八〇億㎥／年前後を記録した後漸減し、二〇一一年五四四億㎥／年である。この動向を見ると、日本の水資源利用は、三分の二が農業用水である。残りが工業用水と生活用水で、割合は一九七五年は生活用水が四割だったが、次第にその割合が増え、二〇一一年には六割となっている。

また、二〇一一年、用水の約九割七一七億㎥／年が河川等から、残りの約一割九二億㎥／年が地下水からである。

以上を参考に、次に取水施設や方法等についてみていこう。

人が利用する水の大部分を占める河川等からのものの多くが、巨大ダムからの遠隔地への送水、河川の分流、中小規模のダムや堰の河川横断型構造物を用いた送水等、いくつかの方式で行われている。また、一割を占める伏流水や地下水によるものを含め、これらは直接河川水量に影響する。河川水等の水資源は、水利権による「水利水量」と河川環境・利用・管理等のための「維持水量」に分けられ、両者を合して「流水の正常な機能を維持するために必要な流量」としての「正常水量」である（国交省、二〇〇七）。水利権は用水、発電、農業等の目的に対して決められている「占有量」で、一定の見直しはあるが既得権として強い力を有している。維持水量は、名目はともかく、時にみる「枯れ川」に示されるように大変少なく、河川環境や生態系を健全に保てる量ではない。

この解決には以下の視点が必要であり、それによって人にとってのより良い結果と生態系が実現出来るはずである。

① 「河川とは何か」、「その正常な機能や生態系は」等について河川ごとに洗い出した結果で必要水量と流水のあり方を示す。

② 設定されている水利権の実必要量を常に把握する。

③ それら目的の代替案を含め水資源の総合的利用を検討する。

④ 中・長期的には「大都市集中政策」を改め、自然・生態系の恩恵を享受出来る都市政策により、水資源利用のあり方を根本的に改善すべきである。

地下水は、生活・工業・農業等の各用水として利用されているが、地下水を容器詰めした飲料販売が急速に増えるなどの新たな利用が急速に拡大している。これは、社会的天然資源が、商品となる私的資源として大規模に使われだしたことを示している。一方、かつては多数の地下水湧出があったが、二〇世紀後半の高度経済成長期以降、湧出個所は急速に減少し、湧出量も減少している。これは、当然沿岸域における地下水湧出個所や湧出量の減少を示唆し、陸域から沿岸域までの自然・生態系に対して様々な影響を与えていると思われる。この地下資源の枯渇傾向に、前述の水資源の私的利用が拍車をかけている。

また、大型機械による現代型乾田稲作化自体が地下水涵養力を甚だしく低下するばかりでなく、それをするために必要な水田干し上げ目的として、地下水面が浅い水田地帯では地下水汲み上げによりその位置を下げている。これらは地下水資源減少の一因になると共に、地域の自然・生態系に与える影響が懸念される。更に、都市を中心に、道路や地表の舗装等による地下浸透量の減少が進んでいる点で、地下水資源への影響を考える必要がある。

なお、本項冒頭で引用したように、降水量約六四〇〇億㎥/年、水資源賦存量約四一〇〇億㎥/年に対し、実際の使用量はその約二割（二〇一一年八〇九億㎥/年）であり、水資源はまだまだ余裕があるようにも思える。しかし、全国に過密に設置されたダム・堰類等の状況や、河川を実際に流れる水量や地下水湧出個所・湧出量の大きな減少は、従来の取水方法はすでに限界を超えて大きな弊害が出ていることを強く示唆している。一方で、山林の荒廃による保水力低下、現代型乾田稲作法による地下水涵養力の著しい低下、都市化や道路舗装による雨水の地下浸透量の減少など、水資源涵養力が減退している。このため、今後水資源賦存量の減少から、実際に利用出来る水資源量が減少する可能性も考えられる。今後、地球温暖化で天候の激化を伴う降水量増加が予測される今、降水の状況まで戻って、よりよい自然・生態系と健全な水循環系の中で水資源を有効に利用する新しい方法を考えるべき時に来ているといえる。

(イ) 下水処理と排水

利用後の水は、「元の状態に近い水」、「問題を起こさない水」になるよう処理をして野外放出する。これが下水処理である。

下水処理施設には、地域の汚水を処理場に集めて一括処理する下水道（公共下水道、流域下水道、都市下水道など）、農業集落排水施設、合併浄化槽（し尿と生活雑排水を合わせて下水処理場に準じて処理する）などがある。下水道のない地域では、合併浄化槽が義務付けられているが、法施行以前に出来た単独浄化槽（「みなし浄化槽」：し尿のみを処理し、他の生活雑排水は無処理放流）や汲み取り方式（し尿のみ業者が回収・処理、生活雑排水は無処理放流）もまだかなりある。

本格的処理場を持つ都市下水でも、雨水を河川等に放流する「雨水管」と下水を処理場に送る「下水管」が別の「分流方式」と、両方を「下水管」で集めて一括して処理場に送る「合流方式」があるが、日本では分流方式は大変少ない。後者では、降雨量が多いと処理場の能力を超えるために流入した下水を未処理で放流しているが、下水中の大量の汚染物質が野外放出される点で深刻な問題である。

下水処理場方式には、規模や構造に様々な違いがあり、ＢＯＤ濃度を基準地まで下げることを主目的にしているが、一部には窒素、ＣＯＤ、リンなどの除去を含むものもある。多くで採用されている生物処理法には、浮遊生物法と固着生物法（生物膜法）があるが、浮遊生物法（活性汚泥法：下水中に微生物の小塊（活性汚泥）を生じさせ有機物を分解する方法）の採用が多い。家庭などで義務付けられている合併浄化槽も原則的にこれに準じ、嫌気的条件下で固体分離や有機物分解をし、次いで空気を送り込み好気的条件下で有機物を分解し、更に沈殿と塩素消毒を経て放流される（「平成一八年一月一七日国土交通省告示第一五四号」など参照）。放流水のＢＯＤ濃度は、二〇mg／ℓ以下と定められている。定期的な清掃等の管理が不可欠である。

また、畜産業で出る家畜し尿の処理と排出には独自の基準がある。しかし、法に適合する処理をした場合でも、下流側で明らかな富栄養化の兆候が認められる場合があり、今後調査が必要である。

下水処理場からの処理水が流れる水路や河川では、生物多様性が低く、現存量も小さい。その一因に、処理水中の栄養塩量が少なく、植物の生育に適さないことがあると推測される。この例とおもわれるものに次のものがある。①佐賀県では、養殖ノリの質が低下したために、処理レベルを下げた処理下水を放出することで質の向上を図った（二〇一八年二月報道）、②千葉県の小河川で、水源が家庭下水から流域下水道処理水に切り替わったとき、見た目の水はきれいになったが、生物の生息数が大きく減少した（望月体験）。

また、前述の通り、下水処理は基本的にＢＯＤ低減を主目的にし、時に窒素やリン、ＣＯＤなどの除去を行う場合も出始めている。しかし、社会のあらゆる所に浸透した添加物や薬類（農薬などを含む）、プラスチック溶出物などの合成化学物質は基本的に除去されず、そのまま野外に放出されていると思われる。これらは殆どがそれぞれ単一物質としては量的（濃度的）に微量であるが、それらの生物に対する影響は殆ど調べられていず、複合的影響は全く調べられていない。近年の免疫系疾患の増加等を考えると、これら多種の微量化学物質が食物連鎖を通して広がり、野生生物から人まで影響を与えている可能性が考えられる。従来の視点にはない、このような生態系の劣化ともいえる影響を考えていかなければならない時代に入っている。

湿地・干潟・浅海域等の消滅の影響

干潟や陸域湿地は、「現代型乾田稲作」以前の水田と共に、日本の豊かな自然・生態系の核になる部分であった（水田については後述）。内陸の淡水湿地は、魚類、甲殻類、貝類などの食料、アシ（ヨシ）類などの生活用品原材料などを提供する重要な存在であった。また、川が海と出会って出来る干潟は同様に人にとって重要な存在であった。中でも規模の大きい前浜干潟は、高い生物多様性・現存量・再生産力を有し、内湾から沿岸域、更には河川下流域を中心とした淡水域の生物多様性や生物資源の豊かさを支えていた。その例として、利根川（本来は東京湾に流入する河川である）、多摩川、小櫃川などが海と出会って出来た広大な前浜干潟を擁した東京湾がある。そこではかつて二〇万t／年の漁獲量があったが、近年の世界の総漁獲量一億tと比較すると、東京湾が五〇〇個あればそれに匹敵する大変な豊かさである。

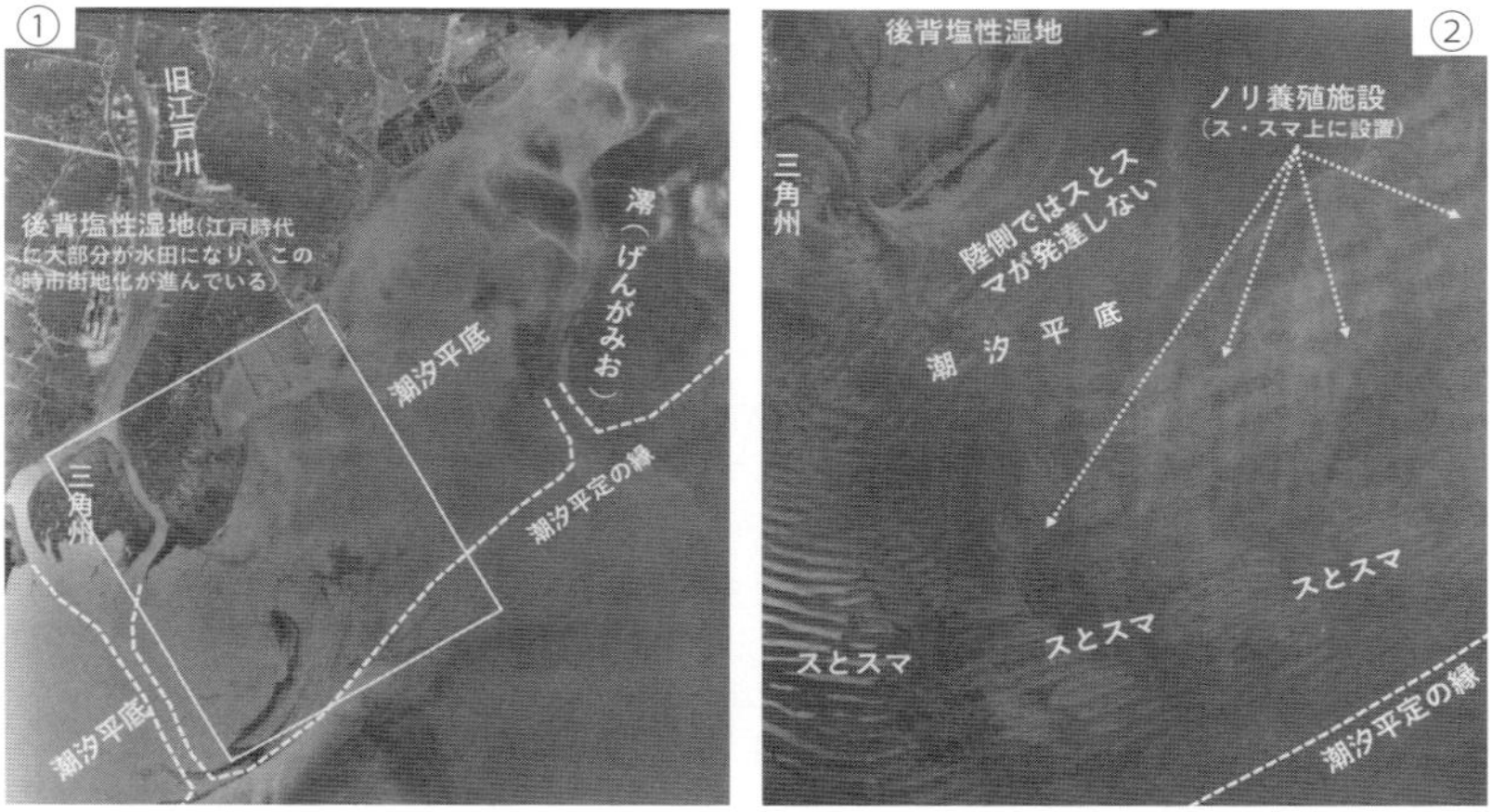

【図5】東京湾奥部の前浜干潟。①：旧江戸川河口から市川市行徳沖のげんがみおまでの空中写真（国土地理院 USA-M399-80（1947・8・11）。四角線部分は右写真の範囲を示す。②：国土地理院 USA-M871-103（1948・3・29）で、ス・スマ、ノリ養殖施設の配置などを示す。詳細は本文参照。

しかし、二〇世紀にはいると、干潟・浅海域・湿地などの埋め立てによる陸地化が急速に進められ、干潟・湿地生態系やそれに関連する陸域生態系の大部分が消滅・劣化し、豊かさが消えた。今では、干潟とは何であり、その豊かな自然がどう維持され、恩恵がどうだったか誰も考えようとせず、似ても似つかない「人工干潟」が「干潟」としてまかり通っている。

ここでは望月（二〇一〇）などに基づき、前浜干潟を中心に、本来の干潟の姿を見ておこう。

干潟は河川が海と出会う所に出来る、特徴的な環境や生物相を持つ自然の一形態である。これには前浜干潟、河口干潟、潟湖などのタイプがあるが、その中でも大河川が流入する内湾の適度に静穏な海域環境下で出来る「前浜干潟」が我が国では最も規模が大きく豊かであった。

前浜干潟の形成と維持の仕組みや特徴に関する基本点は以下の通りである。【図5】

①前浜干潟は、出水時に河川から流下した土砂が一旦河口沖に堆積し（三角洲はこの働きで出来る）、その後の適度な波や流れでその一部（主に砂泥）が周辺の海岸に再堆積して出来る平坦な地形で、その幅は時に海岸線から数km或はそれ以上になる。東京湾の広大な前浜干潟は、関東平野の半分を占める利根川集水域からの豊富な水と土砂が東京湾の海水と出会って形成された。

②前浜干潟の基本構造は、干潮時に干出し、満潮時には水没する海側の半分（潮汐平底）と、その陸側に広がるほぼ同規模のアシ等の抽水植物が茂る後背塩性湿地の組み合わせである（後背塩性湿地は殆どが埋め立てで消失し忘れられた存在である）。

③後背湿地では多数の淡水湧出があると共に、満潮時の海水による水没と干潮時の干出の繰り返しがあった。また、潮汐平底域においても、豊富な地下水の湧出があった。

④潮汐平底には、波や流れ、潮汐流等で形成される複雑な表面地形があり、海側に行くほど明瞭であった。この表面地形には、㋐「澪《みお》」と呼ばれる樹枝状の溝地形で満潮時の海水侵入と干潮時の排水における主要水道《みずみち》（【図5】の「げんがみお」等。なお航路等の目的で掘られたものも含めてこう呼ぶ点に注意）、㋑「ス」と呼ばれる土手状の盛り上がりで、上部が干潮時に干出し、海岸線に平行な多数の筋状に並んでいるものが多いが、異なる角度のものもある、㋒「スマ」と呼ばれる大潮の干潮時でも干出しない「ス」と「ス」の間の溝状地形。これらが組み合わさって波当たりが異なる場所や複雑な流れになるなど、極めて高

い環境多様性を作り出していた。また、潮汐平定の沖側半分ではノリ養殖がおこなわれ、環境の多様性を高めていた。なお、これら表面地形は波浪との関係で形成されることから、波当りの強い部分でよく発達し、弱いところでは発達しない。従って、干潟の環境多様性は波当たりと強く関係する。

⑤ 河川水と湧出する地下水が海水と接すると共に、それらが潮汐、風、波浪などで活発に動くことで、様々な塩分濃度の水塊が接して活発に動き回り、水没と干出を繰り返すなど、常に激しく変化する水環境であった。

⑥ この水の運動に伴い、潮汐平底では砂や泥の活発な移動・流入・出入を伴う動的平衡状態にあり、それが生物多様性や生産力を維持する要であった。

⑦ 台風や集中豪雨等による河川からの出水で、しばしば大きなダメージを受けたが、回復は早く、これが干潟を特定の初期状況に戻し、その後の急速な回復と合わせ健全で良好な状態を維持していた。

⑧ 水の運動等の違いにより、砂や泥等の異なる底質の場所が出来、底質の違いに対応して異なる生物が育くまれた。

⑨ 江戸時代以降、後背塩性湿地の多くが水田開発されたが、この水田は湿地性の高い生物多様性と生産力をもち、干潟を中心にした自然生態系と有機的な関係を持ち、水田・干潟生態系として大きな役割を果たした。これが失われたのは、二〇世紀後半の都市化と「現代型乾田稲作」への切り替えによる。

以上から、前浜干潟の形成・維持には、大きな河川集水域から良質の水や土砂が安定して供給されることが基本条件であることが分かるが、そこは現代社会の自然・生態系破壊の主舞台であることが多く、集水域の地域社会の改善なしに干潟や内湾生態系の回復はありえない。

農業、特に水田稲作法

日本の水田は、本来一年中水が存在する湿田か、乾田でもほぼ同じ高さの水面がある小川を伴い、年間を通して湿地性生物が生息出来る多様で豊かな生態系を維持していた。そこで利用される水は、連続する水田で繰り返して大切に使われ、連続して流れる水を利用し多くの水生生物が自由に移動出来た（現代型乾田の「一回使い切り」方式でない点に注意）。水田を繰り返し経てきた水は、小川から次第に大きな河川につながり、海域までの自然の連続性を有していた。これにより、純淡水生物ばかりでなく、ウナギ、ヨシノボリ類、モクズガニ、ボラ、スズキなどの海から登ってくる多種の水生動物がいて、水田周りと海の間で自由に移動して生活していた。これらにより、源流域から海域まで豊かな自然が広がり、内水面から沿岸の漁業資源を維持していた。【図6左】

このような現代型乾田化以前の水田は、コメの生産場であると共に、動物性たんぱく質等の食料供給の重要な場であった。その主なものには、ウナギ・コイ科魚類・ドジョウ・ナマズ・メダカなどの魚類、シジミ類・イシガイ類・タニシなどの貝類、テナガエビ類・スジエビ・モクズガニ・サワガニなどのエビ・カニ類、水鳥類、セリ・ハス・クワイなどの水辺植物などがある。これらが今では考えられない高密度で生息し、高い再生産

【図６】①昔の要素が残る田んぼ（栃木県大田原市）と②現代型乾田（千葉県長柄町）。右図の矢印は排水栓と排水口で、反対側には給水栓がある。その他の詳細は本文参照。

力を維持していた。また、畔には大豆、ソラマメ等の豆類を植えることが多く、更に生活を豊かにするホタル類やトンボ類などの昆虫類、モグラ除けのヒガンバナ等の花類など、豊かさに満ちていた。古代から江戸時代までのコメ生産量は二〇〇kg／一〇a程度と現代よりはるかに少なかった（佐藤、二〇〇五など）が、総合的な生活の豊かさは、今より大変高かったと思われる。

この水田生態系を支えた条件に、水田地帯の中に豊富な湧水があり、条件によっては大小の池沼を形成していたことが挙げられる。聞き取り調査によると、その水は水田で使われるだけでなく、子供たちが泳いで遊ぶ場であり、清澄な水の中に沢山の水草や魚類と共に、大量のエビ類がいて、茹で干していくらでも食べられる子供のおやつになった。このような豊富な湧水は、山地や丘陵地の利用に伴う十分な手入れ、水田やその周りの水の地下浸透などにより維持され、干ばつ等への備えでもあったと思われる。

また、水田自体が巨大なダムとしての機能を持っていた。このため、かなりの雨が降っても水田内に水をためることが出来、地下浸透することで地下水資源を涵養し、河川の増水は一気に進まず、土砂流出も穏やかになっていた。この土砂流出に至る現象は、はじめゆっくり進み、放置するとある段階から一気に進むことが経験的に知られている。この水田生態系が豊かな時代は、耕作者が日常的に見回り、変化の兆候を発見すると直ちに修復することで防いでいた。

しかし、一九六〇年代に始まった大型機械と化学肥料・農薬を多用する稲作法への切替で、水田が「現代型乾田」という全く異なる構造のものに作り替えられた。この結果、イネが水を必要とする時以外は完全に干し上げられ、水田への給排水は多くが栓を捻る上・下水道方式になり、周辺の小川は掘り下げ・拡幅・直線化・コンクリート（三面）護岸化などの人工化が進み、社会的位置づけが地域管理の「小川」から行政管理の「農業用排水路」に変わった。これにより、岸崩落の兆候などは放置され、崩落してから行政がコンクリート修復するようになった。また、洪水対策は人工化された農業用排水路が担う一方、湧水が枯渇し、豊かな生活を支えた水生・水辺生物が姿を消した。

また、昔を知らない今の若年層は「現代型乾田＝水田」の認識であり、現代型乾田化以前の「田んぼ」の情報を持たず、その豊かな生態系を知らない。

世界では、低農薬・低化学肥料・省力化などの様々な稲作法が行われているが、日本では大型機械と多農薬・多化学肥料による「慣行稲作」が行われ、改善の兆しは見られない。

日本では、稲作ばかりでなく、畑作、果樹、花卉などの栽培においても農薬、化学肥料、除草剤等の使用量が世界的に極めて多い（片野、二〇一〇）。農・園芸量販店では、農薬類（特に除草剤）が大量に置かれ、使用量の増加による健康や自然・生態系被害が懸念される。これらは、野外散布により雨水から地下水に移動しながら全生物から人まで広範囲に影響していくだろう。これまで、過剰の窒素肥料による地下水汚染で、健康被害が危惧されたことがある（薮崎、二〇一〇等）。また、ネオニコチノイド系農薬による昆虫への被害（受粉で重要なミツバチを含む）など、農薬等を含む人の影響で、近い将来昆虫が姿を消す可能性があるとの報告が出るほどになっている。この昆虫が減少するという事態は、植物生態系への強い悪影響を通して動物への影響に及び、生態系ばかりでなく農業を含む広範囲にわたる社会への悪影響につながる可能性が高い。

近年、農作物の歴史的財産である在来品種が急速に姿を消し、作りやすく病気が少ないなどの特定の品種の大企業による寡占化が進んでいる。これにより、人類の財産とも言うべき多様な遺伝子資源が失われつつあると共に、それに伴う地域文化が失われている。更に世界的に遺伝子操作された種子が増加し、また販売される種子の多くが急速な「雑種」種子への置き換えが進み、毎年種を買わざるを得ないようになっている。これらが農業の在り方を変え、生態系に影響していく可能性が大きい。

一方、近年施設内栽培が増加しているが、今後密閉度を高めながら急速に拡大すると推測される。これにより野外からの隔離が進み、農薬等の化学合成物質の使用量や野外流出量は少なくなるだろう。一方で、耕作放棄地や管理放棄山林等の拡大とその荒廃が進み、第一次産業によって維持されてきた二次生態系は重大な影響を受けるだろう。

また、近年の遺伝子操作技術やコンピュータ技術の発展に基づく新しい事態は、これまでの常識を超え、農業等の産業への影響とそれに応じて影響を受ける「人」の変化を通して、自然・生態系に思いもよらない不可逆的な変化をもたらす可能性を否定出来ない。この事態は、今後急速に複雑さと深刻さの度合いを増していくと推測される。

ゴミ（廃棄物）の集積と処分、化学合成物質の排出

今の社会における広い意味での「ゴミ」には、大きく分けて①目に見える大きさのゴミと②目に見えない大きさのものの二つある。後者は、水質汚染等で扱われることが多いが、ゴミとの関連が大きく、様々な分野に関連し、また野外に逸出して環境や生活に影響する点でゴミと類似していることからここで扱う。

①目に見えるゴミ

二〇一六年度の日本の目に見える大きさのゴミ排出量は、一般廃棄物（家庭ゴミ、事業系ゴミ、回収資源ゴミ）では四三一七万t、このうち再資源化量八七九万t、最終処分量三九八万t、残りが減量化量三〇五一万tである。二〇一五年度の産業廃棄物総排出量三億九一一九万t、そのうち再生利用量二億七五六万t、最終処分（埋め立て処分）量一〇〇九万t、減量化量一億七三五四万tである（二〇一八年度環境白書）。この減量化量は、脱水や焼却により二酸化炭素等のガス状にして空中放散されたもので、残った焼却灰は最終処分量に含まれる。

この目に見えるゴミの処分にはいくつもの重大な問題がある。その主な点について見ていこう。

第一に、これらの数字には不法投棄や出水の際に流れ出した「ゴミ」などの量が含まれず、ゴミの全体状

況が見えていないことである。具体的データは見つからないが、その量は非常に多いと推測される。そのゴミの量が多い場所は、谷奥、市町村境の峠付近、放置林、道路際、耕作放棄地や空地等の人目の少ない場所と、河川や海などすぐに流されていく場所などである。海外分を含め全国の海岸漂着量は大変多い。これに対して、地域清掃等や見回りによる防止努力をしている所もあるが、十分な成果は出ていないと思われる。近年の世界的問題であるマイクロプラスチックも、この不法投棄・流出等のゴミ由来のものの割合が高いと思われる。これらは、自然環境から生態系の悪化に至る悪影響を及ぼし、生活や健康障害に至る可能性がある。

第二は、焼却（減量化）による二酸化炭素や揮発性成分、燃焼により生成される物質などの野外への放出である。これは、前述の地球温暖化を促進する問題、有害物質の排出問題などが考えられる。

第三が、ゴミの埋め立て（地中廃棄）処分の問題である。焼却等と再利用以外は、基本的に埋め立て処分されている。場所は、山間地、浅海域などが多く、予定量の埋め立てが終わると表面に土を被せ、植物を植え、目立たなくしたものが多いようである。これにより、地形を変え、水循環系悪化に繋がることは避けられない。更に、地中「処分」されたゴミは、雨水や地下水の働きで溶出した成分が水循環系を通して環境中に広がり、水質悪化から、生物濃縮過程に入る可能性がある。

これら以外にも課題は多く、容易に整理出来ないほどの多面性を持つ。また、放射性廃棄物問題は、独自の極めて困難な扱いと極めて長期間にわたる管理が必要で、現状では経済的に成り立つ安全かつ適切な対処法はない。いったん野外に出た放射性物質は、陸域のごく一部は回収出来ても、回収に莫大な経費がかかり、その安全な処理法や保存法はない。回収出来ない分は、核種の自然崩壊を待つ以外になく、山林野や海域では全く対処法はない。また、科学的合理性のない「野焼き禁止」や「ゴミ輸出」問題等も極めて深刻であるが、紙数の関係で指摘するにとどめる。

②目に見えないゴミ

目に見えないゴミには様々なものがある。

最初に思いつくものに、富栄養化物質とそれによる「汚染」や「赤潮」などである。更に、前述の未処理下水からの汚水問題もある。これらについては、従来以上に「下水処理」を進めると共に、新たに処理水を「環境に好適なものにする」という視点が必要である。

特に深刻な「目に見えないゴミ」問題は膨大な種類数の微量な化学物質によるものである。

現代社会では、市場に出回る化学合成物質は、数万種あるいはそれ以上といわれている。これには、食品添加物（素材的なものを含め殆どの食品に複数入っている可能性が高い）、医療用薬剤、農薬、除草剤、化学肥料、殺菌・殺虫剤、化粧品、洗剤、芳香剤、消臭剤、除菌剤、防腐剤、着色剤、日用消耗品、合成樹脂類とその原材料、機器・道具等の構成パーツ、電子部品、建築材、アスファルト等の道路舗装用材とタイヤ類（これらは使用に伴い微細粒子となって環境中に広がる）、プラスチック類などがあり、今では生活や産業のあらゆるところで使われている。この中には生物が分解処理出来ない物質も多く、マイクロプラスチックのように有毒物質を吸着して食物連鎖に入るもの、ナノ物質のように独特な性質を持ち、社会や生活中に急速に浸透しているが、環境中のふるまいや健康への影響は全く分かっていないもの、福島原子力発電所事故等による野外放出された放射性物質などもある。また、自然界の物質を抽出し、一部の分子構造を変えたものもあるが、これも被害発生の可能性を完全には否定出来ない。

これらの中で、一部では一定の検査はされているが、その内容は急性毒性、変異原性など限定的で、生活環境や自然界に対する影響は考慮されていない。複数物質の相互作用に基づく複合的影響は、組み合わせ等が無限にあり、実質的に全てを検査することは不可能で、調べるための経済的負担が大きい。このため使用することで得られる「益」と発生する可能性がある「リスク」と天秤にかけ、後者が大きすぎるとして検証することなく「安全」として使用されているのが実態である。また、何らかの影響の可能性があっても、原因を調べることは大変困難で、「責任を求められるリスクが小さい」という現実もある。しかし、現在免疫系疾病が増加しているなど、化学合成物質による〝複合的〟影響を窺わせる状況もある。

また、一時期「環境ホルモン」として話題になった、動物の特定の発生時期に特定の濃度で生物に対して特異な働きをする物質について、一定の研究はされているようであるが、十分なものとは思えない状況もある。今後、真剣に取り組むべき問題であると思われる。

都市化と道路網の整備

沖積平野（章末注参照）は、現代における都市化とそれに伴う道路網発展の主舞台である。これは山地砕屑物（砂礫など）が堆積した平坦地形で、大部分湿地で洪水も多かった。そのため昔から水田や一部畑地として利用され、洪水には周辺丘陵地や平野内の自然堤防に家を建てることで被害を少なくし、危険な場合は逃げた。同時に、津波被害を受けやすいので、津波が到達しない場所に住み、更に被害軽減のための松原を育てると共に、到達までの時間を稼いで高地に避難しやすくすることを基本にした。

二〇世紀後半になると、河川には洪水防止の堤防を、海岸には津波防止の防潮堤を築き、安全は確保されたとして、平野の水田等を埋め立て、市街地化し、公共施設や港湾施設、工場なども増えていった。岩手県陸前高田平野では、一九六〇年のチリ地震津波直後に建設された高さ五・五mの防潮堤完成直後から平野部の市街地化が一斉に始まった（小松ほか：二〇一八）。類似の事例は、土石流で形成された扇状地への宅地進出が上流の砂防ダム建設直後から進行していることにもみられる。このように、堤防や防潮堤、砂防ダム等で自然災害は防げるという根拠のない安心感が蔓延したと思われる。二〇一一年東日本大震災と大津波後には、十分な検討なしに、堤防・防潮堤・防潮水門などの巨大構造物をつくり始め、平野の嵩上げをし、それに使う土砂・砕石採取のためいくつもの山を崩した。これらにより、人と自然の関係の分断が進み、同時に沖積平野と砂浜海岸の自然・生態系が完全に失われ、その影響は当然沿岸域に及ぶ。更に、想定を超える災害が発生した場合には、これら巨大構造物から受ける安心感から逃げ遅れることで、つくらない場合に比べより大きな被害がでる可能性がある。

また、都市間や産地・都市間などを繋ぐ道路は社会的に不可欠であり、各時代に必要な規模や構造で整備されてきた。現代では、それ以前の船運や鉄道輸送に変わって、自動車による輸送と生活が基本になり、そのために拡幅、嵩上、アスファルト等の舗装、直線化、湿地の埋め立て、コンクリート擁壁整備などが進んでいる。これは、自然の連続性を壊し、自然環境や生態系を破壊していく。

上記の都市拡大に伴い、河川汽水域は、「淡水取水」のための「塩害防止」を掲げた水門や潜堤が河口に作られて消滅し、汽水性生物が絶滅或は絶滅の危機に瀕し、通し回遊動物も大きな影響を受けている。

都市化の進展は、これら以外にも極めて多様で深刻な変化を引き起こしつつある。特に首都圏を筆頭にした「大都市集中」は、拡大する都市自体がそこの自然・生態系を消滅させていくと共に、地方（海外を含む）から膨大な物資や人、更には文化を収奪・消費し、地方の過疎化や経済的・文化的貧困化を強力に進め、人が作り維持してきた地方の自然・生態系の利用能力・維持管理力を失わせ、放置や開発による遷移と荒廃を進めている。

外来生物（海域を含む）の増大

近年、外来生物の侵入や定着は陸域から海域まで極めて広範囲に及び、その数は急速に増加している。分類群も多様である。国立環境研究所外来生物データベースには、動物二〇一種（種群）と植物一五〇種が掲載されている（https://www.nies.go.jp/biodiversity/invasive/）。実際に発見されることのある外来生物はこれよりはるかに多い。

これらは、空間や食物や繁殖をめぐる競争、遺伝子汚染、農作物や希少生物等の食害など多岐にわたる。寄生して宿主を殺すもの、人に害を及ぼすものなども少なくない。

その侵入方法やルートは様々である。養殖用や繁殖用、愛玩や鑑賞用、有害生物駆除、作物授粉などの様々な目的をもって輸入・搬入したもの、その際に混入したもの、人や交通手段に付随してきたものなどがある。

これらの定着・拡大は、在来生物に影響を与えて駆逐していく。その定着・拡大の条件の多くは、人が従来の自然・生態系を破壊することで、次々と生み出される。そのため、在来生物の希少化や絶滅と外来生物の定着・拡大は、同じ問題の表裏の関係にあり、在来の生態系に深刻な影響を与える。場所によっては、すでに外来生物が優占し、在来生物は絶滅あるいは極度に減少してしまっている。

この様な例に、東京湾に侵入したホンビノスガイやサキグロタマツメタがある。ホンビノスガイは、減少したアサリの代わりに主要対象種として大量に漁獲され、一部の地域では主要産物になっている。また、黄海・渤海からのアサリに混入したと考えられているサキグロタマツメタは二枚貝食の巻貝であるが、大量に繁殖しアサリ等の二枚貝の資源量に大きな影響を与えている場所もある。

また、人工雑種や遺伝子操作された生物などの野外放出事例が急速に増えつつある。これも外来生物と類似の影響を生態系に与えていると思われる。

なお、筆者自身の調査事例であるが、低水温に適応している黄海・渤海産の稚仔魚は日本の同種のものより成長が早いことから、数十種が養殖種苗として大量に輸入され、各地の沿岸海域に設置された生簀で養殖されていた。現状は不明であるが、施設からの逸出は避けられないことから、遺伝子汚染の可能性、ひいては在来の水産資源に影響している可能性がある。

淡水生物資源減少と内水面漁業

既に述べたように、日本の淡水生物資源の減少・消滅は著しく、内水面漁業は壊滅状況である。この原因は、これまで述べてきた様々な人の行為である。これに対して行われてきた対処方法は、毎年人工種苗を放流し、一時的に対象種を増やして、漁獲するものである。これにより、細々と「漁業」や「遊漁」は行われているが、この繰り返しの中で減少原因への対処が放棄され、事態は年々悪化し最終段階に近づいていると思われる。

3　海域の自然環境と現状における課題

日本の海域生態系は、海域表層を北上する黒潮が運ぶ熱と、それに対応して南下する親潮の動き、その下の深海水で決まってくる。これらは陸域の気候にも影響している。黒潮により、南西諸島には発達したサンゴ礁に代表される亜熱帯性生態系が形成される。その後、黒潮は太平洋岸に沿って、九州の南で発生した対馬暖流は九州西岸から本州日本海側に沿って流れる。いずれも、北上に伴い沿岸域は次第に温帯性要素に変わる。太平洋岸では、紀伊半島南部までは熱帯・亜熱帯性の造礁性サンゴ類が多いが、房総半島南西部を最後に見られなくなり、外房海域以北では温帯性の非造礁性サンゴ類に変わる。この黒潮の影響は銚子付近まで で、その後は北方から南下する親潮と混合しながら東方沖に去る。一方、対馬暖流は本州沿岸に沿って北上し、一部は北海道沿岸を北上、もう一方は津軽海峡を東に向かい、太平洋岸に出て三陸海岸を南下する。これらの暖流の影響により、日本の沿岸域はほぼ温暖である。また、本州日本海側は対馬暖流からの水蒸気とアジア大陸からの北西風の組み合わせで豪雪地帯が形成され、豊かな水資源を形成している。

なお、これら温暖な表層域の下には、冷たい深海水が広がっている。太平洋岸沖合にはプレート境界となる海溝があり、数千〜一万ｍの超深海環境がある。これらの環境区分に対して、それぞれの環境に特化した種からなる生態系が形成されている。

この海域では、主に沿岸域を中心に、人の行為による自然環境・生態系の急速な悪化が進行中である。その主原因の一つは、前述の陸域の人為的悪化であるが、もう一つが海岸から沿岸における様々な人の行為である。これらの影響は、海流や生物の移動で拡散するばかりでなく、日周回遊をする生物の食物連鎖を通し短時間に深海底に届くなど、海域の隅々まで広がっている。

この影響の一端は、多くの水産資源の減少や枯渇、養殖業を含む沿岸漁業生産の傾向的（構造的）減少などに現れている。また全国規模の「磯焼け」（磯等における海藻類の減少や消失現象で、当然植物プランクトンへの影響が推測される）や海藻類養殖における不作なども、その環境悪化の深刻さの一端を示している。しかし、社会的にはこの深刻な事態が殆ど認識されていない。

以下、人の手による自然・生態系に対する影響のポイントについて見ていこう。

海岸の人工化：防潮堤、防潮水門

日本の河口・海岸域では、人工化が急速に進行している。この主なものには、河口堰、防潮堤、防潮水門、消波堤（消波ブロック設置）、潜堤、漁港等港湾施設、埋め立て地や海岸道路に付随するコンクリート護岸、人工漁礁などがある。このような海岸・河口部の構造物の多くは、一九六〇年のチリ地震津波、二〇一一年の東日本大震災と大津波などの災害を契機に、必要性や設置に伴う影響などについての十分な検討なしに進められたため、陸と海あるいは人と海（自然）との関係を分断し、生物多様性と現存量を低下させるなどの自然・生態系の悪化を推し進めた。【図7】

また、工事等に伴うシルト・粘土等の微細粒子の懸濁と拡散が、海域の生態系や養殖にも様々な悪影響を与えている。

これら構造物は、波・流れなどの水の運動と砂等の循環に強く影響すると共に、陸域から水域に至る自然の連続性と河口汽水域を破壊し、溶出するコンクリート灰汁の影響を与えると考えられる。更に、波打ち際から浅海域の生息環境を悪化させる一方、コンクリート壁に付着出来る生物の生息環境を持ち込む。

現在では、岩礁海岸を除き、殆どの海岸が何らかの形でコンクリートにより固められている。砂浜の端に建設された漁港、浜から突出する漂砂防止堤やコンクリートブロック、砂浜に沿ったコンクリート護岸（内

【図 7】2011 年東日本大震災津波を受け建設中の 12.5m の高さの陸前高田市浜田川水門と防潮堤。

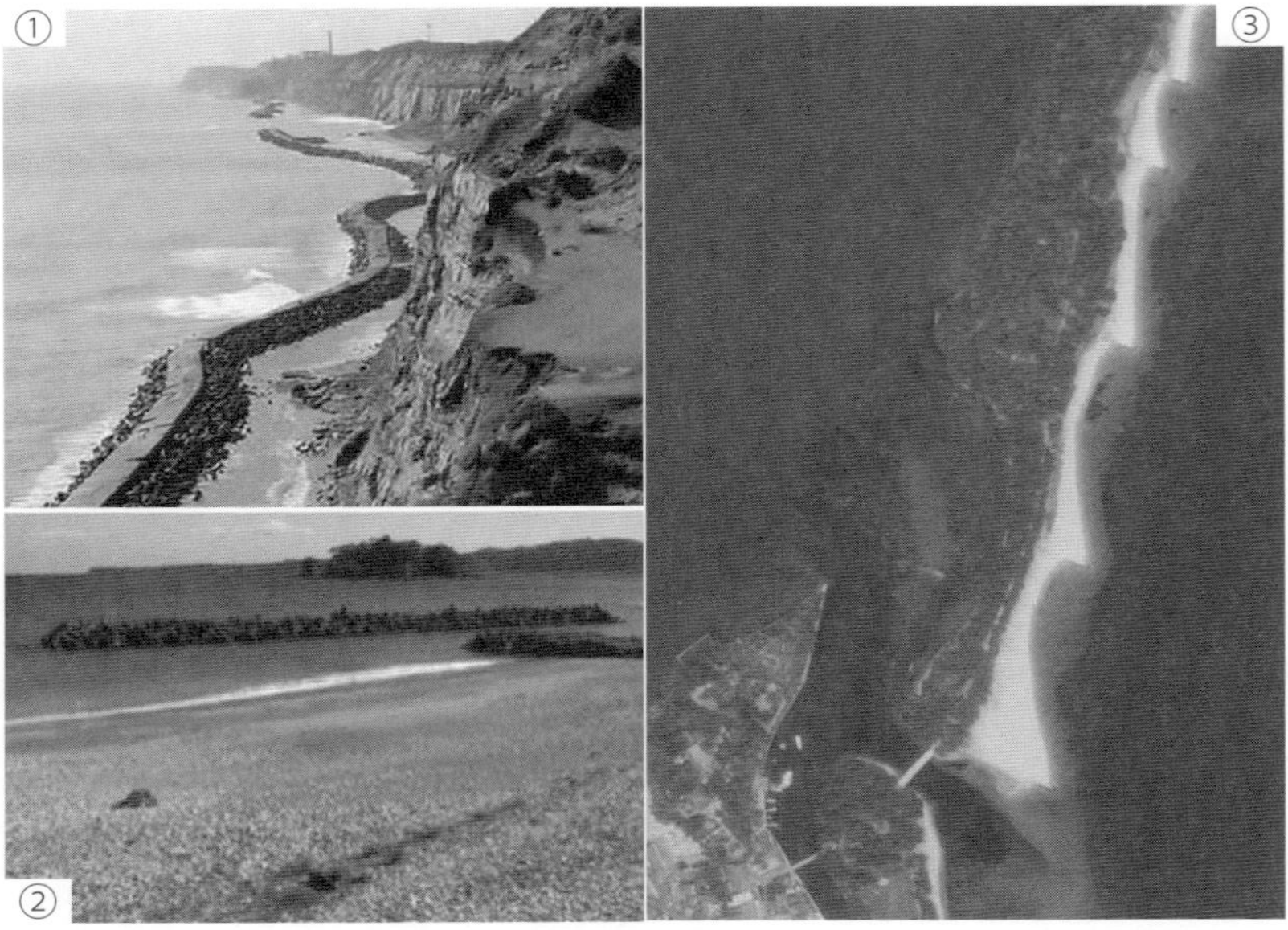

【図 8】海岸浸食の原因と現在行われている対策。①千葉県屏風ヶ浦の波除堤により九十九里浜への砂供給が減少、浸食を進めている、②和歌山県串本市古座の浸食防止のブロック堤、③天橋立の漂砂防止堤による「鋸歯状化」した砂浜（かつては美しい弓状海岸だった）（国土地理院 KK891X-C9-38）。

陸側は埋め立てで宅地・工場・畑地・水田等になった）などである。

注意すべきは、このような構造物は、通常地表に見える構造と同等かそれ以上の地下構造物があり、地下水の流れや湧出に影響している可能性があることである。

また、全国の浜で深刻な海岸浸食が進行しているが、この原因として二つ考えられる。

第一が、河川・河口からの供給量が減少したが、波浪や潮流による浜からの砂の流出量は一定であることから、砂の流入出量のバランスが崩れたためである。これは、前述の河川構造の人工化等に関わる陸の問題から生じたことで、山林の状態が影響している可能性も大きい（椹木：一九八二ほか）。

第二が、砂浜は、隣接した岩礁域が削れた砂の供給でも維持されているが、これらの砂供給量が減少したためである。この原因には、岩礁の裾周りの浸食防止用の消波ブロック等の設置【図8 ①】、浜と岩礁域の間に設置される漁港等の構造物である。

この海岸浸食に対して全国で行われているのは、漂砂防止用の沖出し堤（砂の移動をそこで止める）、沖の消波ブロック帯（浜に波が当たるのを阻止する）や潜堤（浜に当たる波を小さくする）等の設置である。【図8 ②、③】これらは、景観を悪くするばかりでなく、水産生物の幼稚仔等の重要な育成場である砕波帯をなくし、浜付近の水の流動を弱めることで、沿岸の生物資源に対して否定的な影響を与えている可能性が大きい。

海域のごみ問題

海域は、物質循環の到達地点として、陸域に留められたもの以外の全てがたどり着く場所である。実際、海域で網を引くと多様なごみが大量に入ってくる。近い将来、海洋全体の生物資源量を超えるゴミが海洋に溜まるという予測もある。

また、鯨類、海鳥類、魚類などの多くの動物がゴミ類を大量に捕食し、死亡例も数多く確認されている。また、二枚貝やプランクトン食魚類の消化管内からマイクロプラスチックが発見され、それら起源と思われるものが人の大便から発見されたとの報道も耳新しい。また、ゴミの項で述べたように、海外からのゴミの漂着も多く、海洋のゴミは国際的課題でもある。

沿岸域、特に内湾におけるゴミや水質汚染問題は、年々深刻化している。東京湾では水質がよくなったという報道が繰り返されているが、ひと頃よりは良くなったといえ、汚染物質の流入量は、まだ相当量にのぼる。更に湾内に堆積した汚染物質はそのままで、これによる貧酸素水塊が夏季を中心に湾全域の中・底層に広がり生物資源や生態系の深刻な制限条件になっていると共に、時に湧昇して青潮となる。干潟域海域の埋め立てや環境悪化による浄化能力低下と湾面積減少による潮流の低下、目に見えないゴミを含めた集積、タンカー事故等の油流出など、多様な原因で、年々悪化している現状が社会的に完全に忘れられている。

「目に見えないゴミ」も最終的には海にたどり着き、その量は年々増加しているはずであるが、その詳細や影響については殆ど解明されていない。

養殖業

海域における養殖は、いくつかの点で周辺域に影響を及ぼす可能性がある。

第一は、栄養塩の過剰摂取の問題である。海藻類や植物プランクトンは、光合成をする生物として、海水中の栄養塩を吸収する。このため、海域の生産力を超えた海藻類の養殖は、栄養塩の欠乏から、野生海藻類や植物プランクトン（二枚貝類やマボヤ等の餌である）の生育と競合する。そのため、海藻類の過剰養殖は、競合する植物プランクトンの減少から、二枚貝類等の植物プランクトン食動物の成長阻害要因になる。その二枚貝類等の過密養殖でも、餌となる植物プランクトン密度低下が起こると考えられる。これらを通し、当該海域の生態系に影響する可能性がある。また、栄養塩の供給は、沖合からの海水流入と共に、河川水や地下水からのものがかなりの割合を占める（山下・田中：二〇〇八など）。

また、前述の通り、大都市近傍の海では、海水中の栄養塩の点で「下水処理水」についても注意が必要である。

第二は、動物の養殖過程で出る糞や食べ残し等が海底に堆積し、底質が還元状態になり、有害物質が出ることである。この悪影響は、台風や津波の襲来で海底が洗われると、生産力が回復することが知られている。また、カキ養殖では、温水を用いて付着動物の駆除を行なうが、駆除された生物は海底に沈むため、同様に海底に堆積し環境を悪くする。

第三は、本来生息していない付着生物などに、新たな生育の場を提供することである。これにより、外来生物の侵入・定着を促進する。実際に、三陸河岸ではヨーロッパザラボヤ、ムラサキガイ（扱いによっては商品になる）など多くの外来生物の侵入・定着の問題が生じている。

第四に、養殖施設が海水の流動を妨げ、水環境を悪くする可能性がある。

これらの影響の結果、生産力の高い内湾域の生息環境や生態系の状態を変え、沿岸漁業に対して悪影響を含めた様々な影響を及ぼしている可能性がある。

生物資源量の減少

近年、海洋異変発生に関する指摘が多く（山本：二〇一五ほか）、また「乱獲」による水揚高・資源量減少などのニュースをよく見る。生物資源量の減少原因は極めて多様であり「乱獲」は、その一つであることは確かである。「乱獲」がどの程度資源量の減少原因になっているかはさておき、実際に資源量が減少しつつあるという指摘は正しいだろう。ここでは、殆ど指摘されることのない、「資源量減少による生態系への影響」について一つの視点を述べる。

生態系においては、全ての動物種が食物連鎖網に組み込まれている。どの種も、食物連鎖網中の位置は成長に伴い連続的に変化し、どの位置でもその種が他生物を餌として食べると同時に、その種自体も他種から食べられる。一方、多くの水生動物が大量の卵を産み（多いものでは数十万～数千万粒）、親になるまでに大部分が捕食され、繁殖に参加出来るのは数個体あるいはそれ以下である。これを別の視点で見ると、各成長段階で捕食されることで捕食者を養い、その捕食者も他種から捕食されることでそれを養っている。これらの関係の総体として食物連鎖網があり、それらのバランスの上に立って生態系が健全に維持される。言い換えれば、産卵数や産仔数、各成長段階でどの種にどれだけ捕食されるかなどは、そのバランスに組み込まれた要素であり、それが高水準で安定することで豊かな生態系が維持されている。

以上から、ある種の資源量が減少すると、その影響は食物連鎖網を通じて、捕食・被捕食関係などの修正として生態系全体に及ぶことになる。資源量が減少した種数が多いほど、それらのもとの資源量が大きいほど資源量減少の影響は大きくなる。その結果は、生態系の規模縮小（生物多様性、現存量、再生産量力などの低下等）として現れるだろう。この場合には、生態系全体を回復させるような対策が必要になり、特定種の資源量だけの回復を目標にしても、それを可能にする実効性のある方法はない。以上のように、生物資源量減少は、その種の問題としてだけではなく、生態系や食物連鎖の中で総合的に見なければならない。

【Ⅲ】 日本の水域生態系の現状と課題―サケ、ウナギを例にして―

以上のように、現代日本の自然・生態系は、陸域から沿岸域の水域環境の人工化、放置荒廃林の拡大、水資源問題、稲作の「現代型乾田」化をふくむ農業「近代化」、ゴミ問題、養殖等の問題、大都市一極集中とそれに伴う変化、遺伝子科学やコンピュータ等の科学技術の発達、人の生活や感性の変化など、人と社会の変化により、大きく変化あるいは破壊されつつある。加えて地球温暖化を中心とした地球規模の環境問題がそれを激しくし、現状では危機的状況に達している。

その状況を、一生の間に淡水域と海域を移動して生活する回遊魚であり、また重要な水産対象種であり、自然・生態系の人為的改変・悪化の影響を強く受けて生活しているサケ（シロザケ）とウナギの例から見ていこう。

サケ（シロザケ）

概論

サケ（*Oncorhynchus keta*）については、様々な視点からの膨大な研究結果がある。これらを、水産研究・教育機構（二〇一五、一八）、森田（二〇一六）、帰山（二〇一一、一五）、落合明・田中克（一九九八）等を中心に、更に日本のサケ資源の状況や漁獲、種苗放流等については北海道水研（二〇一八）を中心に、その他の資料を加え見ていきたい。

サケは、冷水性のサケ科魚類の一種で、一生の間に河川と北太平洋冷水域を生活の場にしている遡河回遊魚（川で生まれ、一生の大部分を海で過ごし、産卵のため川を遡る）である。日本系サケは秋から冬に海から河川を遡上し、伏流水が湧出するような通水性の良い砂礫域で産卵する。産卵期は九～一月で、水温により二～四ヶ月程度で孵化し、その後二～三ヶ月間は砂礫中にいる。三～五月に尾叉長三・五cm程度に成長して浮出する。稚魚は四～六月に川を下る。しばらく沿岸域で生活し、六～七月には六～一〇cmに成長して沿岸域を離れる。以後、北太平洋を回遊しながら成長し、大部分が二～七年で生まれた川に戻り、産卵し、その後死亡する。

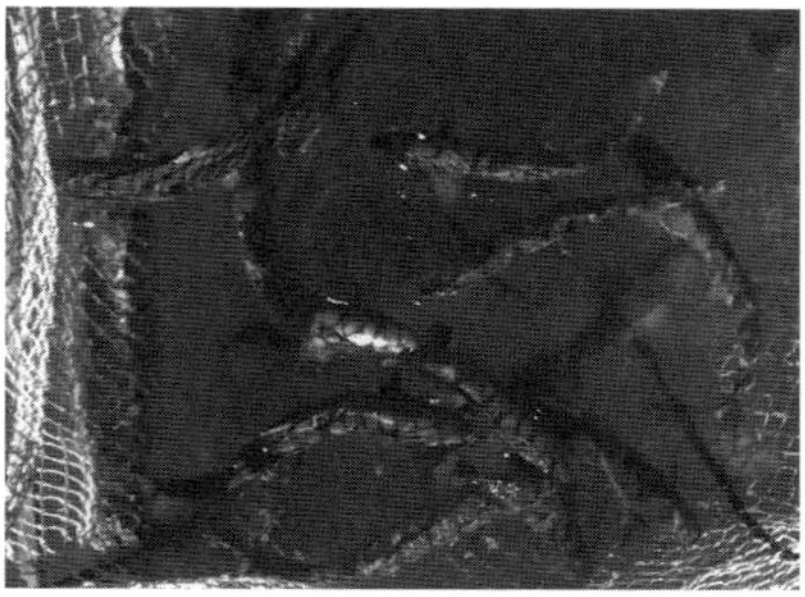

【図 9】気仙川下流の捕獲用落網に入った産卵のため回帰したサケ（2018 年 11 月）。

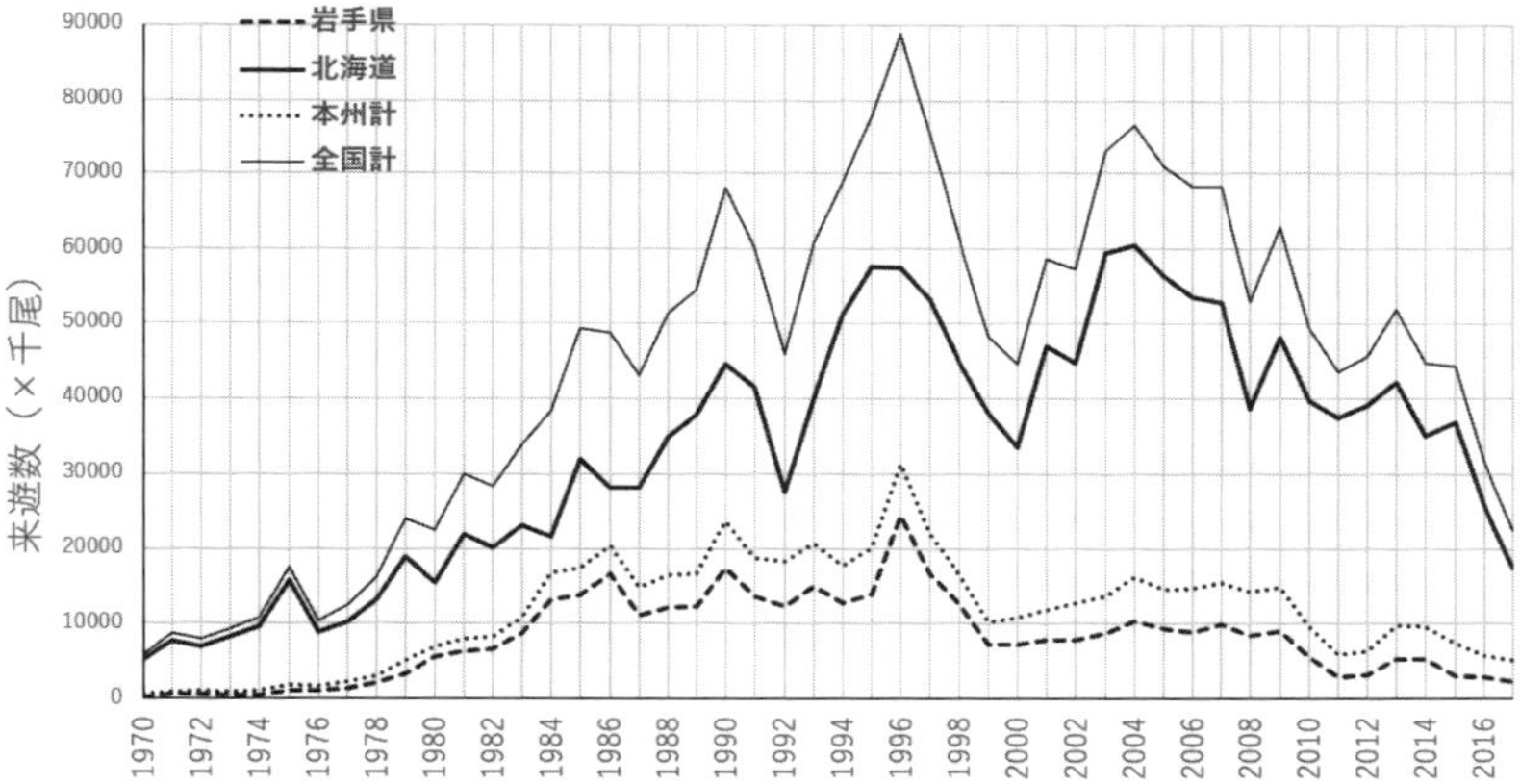

【図 10】サケ親魚来遊数（沿岸＋河川）の推移）

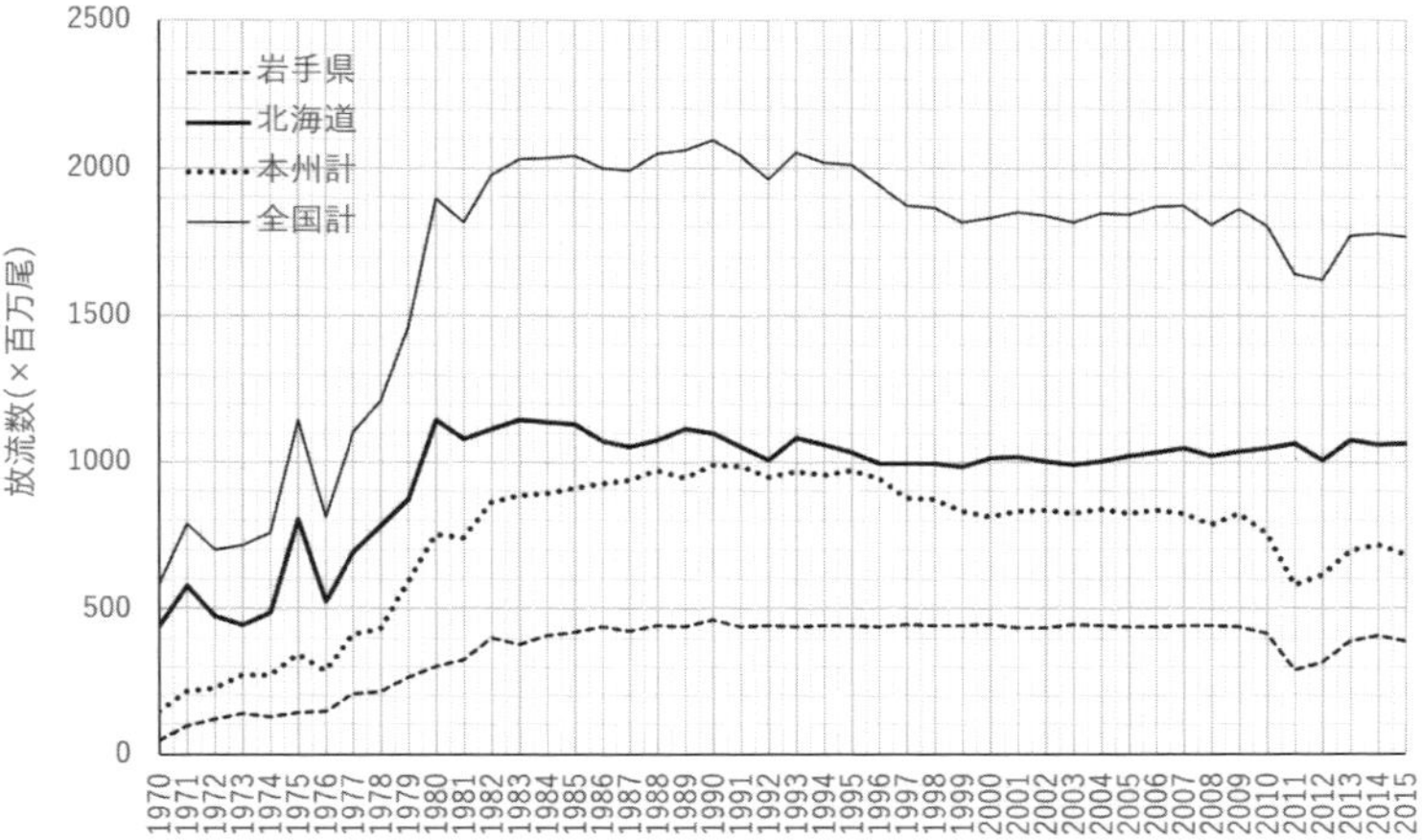

【図 11】サケ種苗放流数

なお、サケでは、生まれた川に戻って産卵する（母川回帰）という性質から、母川に戻った親魚から採卵・採精し、人工授精により種苗を得て池中飼育し、ある程度育ててから放流するという人工種苗放流事業が広く行われている。採苗に供される親魚は、主に河川に遡上した個体であるが、日本沿岸に来遊した数の一割程度である。他の九割は、沿岸を母川に向け遊泳中に漁獲され、食品として処理されている。【図9】

日本系サケの現状

日本系サケは、近年漁獲量が急増しているロシアや漸減傾向の北米大陸側に対して、減少が顕著であることで注目を浴びている。その理由についても様々議論されているが、その日本系サケの状況を主に北海道水研（二〇一八）ほかに基づき見ていこう。

日本系サケ漁獲量は、一九七〇年代半ばまでは全国で一千万尾かそれ以下であったが、その後急増し、一九九〇年には六千万尾を超えた。その後、一九九二年と二〇〇〇年の落ち込み（それでも五千万尾前後）はあるが、概ね二〇〇七年まではその水準を維持した。しかし、その後急速に減少し、近年では二～三千万尾のレベルである。この日本系の変動は、主に北海道の変動に対応している。本州の影響は、一九七〇年代半ば以降の急速増加の影響は認められるが、その後は次第に小さくなり、特に二〇〇七年以後は大変小さい。【図10】

一方、母川回帰という性質から、サケ漁獲量には人工種苗放流量の動向が影響を与える。本州における人工種苗放流は、一九七〇年頃の一・五億尾から順調に増加し、八〇年には七・五億尾、その後は二〇一一年東日本大震災の大津波直前まで八～一〇億尾であった。津波による落込み後、現在では以前の水準に近づいている。一九八〇～九九年の岩手県の本州に対する割合は四五～四八％程度だが、次第に増加して近年は六〇％近くを占めている。一方、北海道は一九七〇年の四億尾を超える水準から順調に増加し、一九八〇年以降は一〇～一一億尾の水準を維持してきた。【図11】

以上から、日本系サケの人工種苗放流は、一九七〇～八〇年の増加期とその後の二〇億尾（北海道の一〇～一一億尾、本州の八～一〇億尾）の期間とに分けられる。

この放流量と漁獲量の変動を合せて見てみると、北海道、本州共に初期の急増は、人工種苗放流量の増加とよく一致し、その効果が窺える。しかし、その効果が現れている時期には違いがある。北海道は二〇〇七年までは効果が認められ、一〇億尾の放流に対してその五～六％程度の五～六千万尾（近年は二～三％程度の二～三千万尾）の漁獲に対応している。本州では八～一〇億尾の放流数に対して一～二％の一～二千万尾の漁獲に対応している。また、本州内で見ても、本州全体に対する岩手県の放流数の割合（四五～六〇％程度）に対して、漁獲量は一九八〇～二〇〇〇年の七〇～八〇％と放流による効果が大きいが、その後に減少し近年では五〇％程度と、ほぼ放流割合に見合った漁獲量になっている。

一方、日本ではサケ漁獲量のうち、九〇％は海域の定置網等で、残りが河口～河川下流域に設置された落網等で捕獲し、採卵可能な個体は人工採卵・受精に回される。河口付近の捕獲を逃れて遡上し、河川で自然産卵出来た個体は少数である。従って、一九八四年以降の日本のサケ資源は、回帰してきた親魚の一〇％の個体から得られた人工種苗一九～二〇億尾により維持されてきた。

前述のように、回帰数増加のための種苗放流事業は、その効果が地域によって大きく異なる。また、卵稚仔の孵化育成事業地である孵化場付近では、沿岸域での漁獲量が大きいため、親魚の河川回帰率は回帰数全体の一割に留まり、近年の値は北海道では〇・二～〇・三％、本州では〇・一～〇・二％程度のはずである。実際、近年の気仙川では〇・一％程度である。

また、サケ漁獲量減少を考えるため、日本系サケの生活史を見ておこう。

九～一月に遡上したサケから得られた種苗は、池中で配合飼料により尾叉長五・五cm程度（天然の浮出個体の三・五cmより大きい）まで育てられ、三～五月頃に河川放流される。その後は河口を含む沿岸域で生活し、六～七月には六～一〇cmに成長して沿岸域を離れる。夏～秋にはオホーツク海で主に動物プランクトンを摂食して二〇～二八cmに成長する。その後、水温低下により、一一月頃には西部北太平洋の四～八℃の海域に移動し越冬する。翌年六月頃には北上してアリューシャン列島からベーリング海で、クラゲ類、翼足類、オキアミ類、端脚類などを摂食し、九月には三六～三九cm程度に成長する。水温低下により一一月までにはアラスカ湾の四～七℃の海域に移動して二度目の越冬をする。その後、夏はベーリング海で、越冬はアラスカ湾でと、これらの海域を行き来する生活を繰り返す。成熟期を迎えるとベーリング海を経由し、カムチャッカ半島・千島列島沿いに南下し、母川を目指す。成熟年齢は二～八年であるが、三～四年で成熟して母川に回帰するものが多い。

日本系サケ漁獲量減少

日本系サケ漁獲量減少について考えてみよう。

一般的に動物の死亡率が高いのは卵・幼稚仔期であり、成長と共に死亡率は低下していくことから、幼稚仔漁期の生残率が資源量に大きく影響することが知られているが、これはサケの場合も当てはまると考えられる。しかし、サケの場合、天然では三・五cm程度で浮出するが、孵化場では五・五cm程度まで育て放流することから、この時期の高い死亡率問題は解決されているとして、関係者間では殆ど議論されていない。しかし、放流後の河川下流域から河口・沿岸域の環境悪化は近年加速度的に甚だしくなり、これと関連して生物現存量減、生態系構成種・構成比の変化など、生態系の変質・悪化が急速に進行中である。このことは、サケ幼魚の生残に強く影響するはずで、この視点からの検討が必要である。また、このような環境は、回帰してきた親魚の生残や卵質にも関わる問題であり、併せて検討が必要である。

また、北海道サケの漁獲量が多い時期の親魚では、最初の生育期であるオホーツク海生活期での成長がよい個体が多いことから、この時期の生育環境が重要との指摘もある。更に、アリューシャン低気圧の発達の関連した「太平洋十年規模振動指数（PDO）」などに示される気象・海象変動の影響も指摘されている（帰山：二〇一二、一五など）。また、二〇一三〜一六年のアラスカ湾を含む北東太平洋における巨大暖水塊（the Blob）に関連したアシカ、オットセイ、ウミガラスなどの動物の大量死やそれに関連した沿岸域の有毒プランクトンの出現などの報告もある。これらは、当然そこを越冬地としている日本系サケの生残や成長に影響する可能性があるはずである。また、地球温暖化による海水温上昇（気象庁HPによると北太平洋全域の表面水温の上昇率は〇・五℃／年である）で冷たい海水の沈み込み量が減少することで、中層水の酸素濃度の低下が起こり、それによる影響の可能性もある。このような、様々な北太平洋の気象・海象に関わる変化がサケ生残率に影響を与えていると推測される。

一方、ロシアでは、カラフトマスと共にに、サケ漁獲量の増加が著しい。温暖化が有利に働いている、あるいは気象・海象変動で今後減少するのではないかなど、様々な考え方が提示されている。しかし、ロシア系サケの沖合域生活期では、東カムチャッカ系を除き、また日本系サケの二年目以降の越冬地であるアラスカ湾海域を除いて、ほぼ行動圏が重なっている。更に、北太平洋海域を生活圏にするサケ科魚類の種ごとの漁獲量変動は一致しないものも多い。このため、生息環境である北太平洋全域の環境変遷とそれに関わる生態系の変化、汚染物質を含むゴミ問題、海水の酸性化とそれに伴う諸問題など、基礎情報の収集と分析が求められる。

また、ロシア系サケでは、天然産卵の割合が高いのに対し、日本ではサケ資源維持をほぼ一〇〇％人工種苗放流に依存している。これは、サケの遺伝子組成に影響していないのか、あるいは人工育苗そのものが健全な次世代を産み出す上で問題がないのかどうか、検討されるべき課題である。

ウナギ―ウナギから見える陸域水域環境と生態系の破壊―

概要

ウナギ（*Anguilla japonica*）は親になると海に出て、太平洋マリアナ海嶺スルガ海山付近で産卵する。孵化後はレプトケファルス幼生となり半年～一年半北赤道海流等に乗り回遊し、日本・朝鮮半島からベトナムまでの東アジアの沿岸に到達する。沿岸域でレプトケファルス幼生から透明なシラスウナギに変態する。河口などの汽水域で背部が黒灰色に変わると、多くが河川を遡上する。この時、長期間にわたり、大きな群れが黒い帯状になり、次々と切れ目なく上っていたとの目撃情報は大河川から山間部の細流に至るまで全国各地にある。遡上したウナギは、河川、水田と周囲の細流、湖沼、堰やため池など、淡水域で広く生活する。一部の個体は河口から沿岸域で一生を送ると共に、淡水と沿岸域を行き来するものもいる。日中は石の隙間、石垣の隙間、土手の穴、泥底など、身を隠せる場所に潜む。夜間活発に動き回り、水生昆虫類、エビ・カニ類、タニシ等の貝類、魚類、カエル類、ミミズ類など多様な小動物を摂食する。淡水域で五～一〇数年余り生活し、体長七〇cm以上に成長すると、川を下り産卵に向かう。

【図12】千葉県南部の山間部の谷津の溜まりで捕獲された体長約65㎝のウナギ成魚。

現代は、河川水量が少なく、コンクリート化を中心にした人工化で身を隠すことなどが困難であり、ダム・堰等の遡上阻害物が多い。更に、水田の現代型乾田化や河川・水域の人工化など淡水域の生息環境が極度に悪くなり、餌の小動物が著しく少なくなっている【図2〜4】（一二八、一三一、一三二頁参照）。このような悪条件を中心に、淡水域での生息条件がほぼ失われ、淡水域ウナギ資源は極度に縮小した。一方、ウナギは河口や沿岸域でも一生を送れるために、現在では河口・沿岸域のウナギ資源の割合が相対的に高くなっている。淡水域に容易に遡上出来、良好に生息出来た時代に比べ、現在のウナギ資源量は大変小さいと推測される。これが、近年のシラスウナギの極度の不漁の最も主要な原因である。

漁獲状況

ウナギの野外水域での漁獲は、一九五〇年代半ばからの二〇年間は二〜三千tを超えていた（漁獲統計にのらない個人漁獲・消費を考えると、実際の漁獲量はこれよりはるかに多かったはず）。しかし、河川等の人工化や水田の現代型乾田化が急速に進行しつつあった一九七五（昭和五〇）年頃以降は減少に転じ、二〇一五年には七〇tになっている。その後は更に減少していることだろう。

また、近年の耳石の研究で、天然ウナギ親魚は淡水域で生育した個体の割合が少なく、河口や海域のものが多いという結果であり、これにより「ウナギは海産魚」との社会的認識が広まっているがこれは誤りである。前述の通り、淡水域での生息条件が失われる一方、生息可能な河口・沿岸域に小資源が残ったことの反映と思われる。

また、シラスウナギを池で育てるウナギ養殖は、一九五六年の約五千tから多少の増減はあるが一貫して増加傾向を維持し、一九八四～九一年には四万ｔに近い生産量を揚げている。その後減少傾向に入るが、二〇一二～一四年を除いて二万ｔ台を維持している。しかし、消費量は戦後増加傾向が続いたが、二〇〇〇～〇一年の一五万ｔを超える量をピークに減少に転じ、近年では三～五万ｔ台にある。この増減の大きな部分は輸入量の増加で、輸入量は二〇〇〇～〇一年の一三万ｔ台を中心に、消費量の動向と同じである。

一方、シラスウナギの池入れ数のうち、国内生産量を見ると、二〇一三年の五ｔ余の最少量を記録した直後は一三～一七ｔ余を記録し、「豊漁」とも言われた。しかし、本年三月では前年同期に比べ三分の一、輸入量を加えても一〇ｔ余で、強い減少傾向にあることはいなめない。まして一九三五～六五年には、変動は大きいものの二〇〇トン前後で推移し、その後急速に減少していることを見ると、資源量評価としては強度の低水準で強い減少傾向にあると言わざるを得ない。

このような状況の中で、水産庁等は、ウナギ親魚の漁獲規制、河川の（部分的）多自然化、シラスウナギの池入れ数管理などを開始しているが、いずれも減少原因の精査を経ず、とりあえず良さそうなことを行っている程度であると言わざるを得ない。

漁獲状況から見えてくるもの

ウナギ資源減少に関する多くの議論が、生息場の消失や生息環境の悪化（河川の人工化、餌生物の減少などを含む）、シラスウナギの乱獲、海洋環境の変動などを挙げているものが多い。しかし、ではなぜそれらウナギ資源の減少につながる問題が発生し、進行したのかについて触れた議論は、殆どないと思われる。

以下、この点を意識しつつ、漁獲状況から見えてくる重要と思われる点についてふれたい。

第一が、ウナギ資源は極めて危機的な状況にあり、本来の姿である野外、特に淡水域の漁業はほぼ壊滅していることである。近年、国内あるいは国際的に漁獲規制等が進められているが、資源減少の若干の緩和は出来ても、それを止めることは出来ない。もちろん、緩和効果が多少は期待出来る点で実行することの意味はあるだろうが、主要減少原因とその背景を明らかにし、根本的対策の提起が伴わないと、その「対策」は主要減少原因を隠すことでかえって結果を悪くするだろう。

なお、この問題を考える時、ウナギが東アジアに広く分布することから、海外の生息環境等を合せて見ていく必要があるが、この情報が殆どないのが残念である。

第二が、シラスウナギ漁獲量減少、野外におけるウナギ若魚・成魚漁獲量減少が、共に一九六〇年代半ばに始まることである。この時期は、以下のことが急速に進んだ時期であることがポイントである。

① 大都市（特に首都圏）一極集中が急速に進みだし、労働力の大都市への移動による地方の労働力の極度の減少の進行。

② それを進めるために森林の人工針葉樹林化（拡大造林）と材木輸入自由化等を原因とする放置（管理放棄）による荒廃林拡大の急速な進行（水資源環境の弱体化と土砂流出等による河川環境悪化などにつながる）。

③　主にコンクリートを用いた河川・流路・河口・海（湖）岸等の人工化と環境破壊・改変など。
④　圃場整備事業を中心に進められた水田の現代型乾田化と付属水域の人工化・排水路化。
⑤　都市化や「開発」のための湿地・干潟・浅海域等の埋め立て。
⑥　地下水を含む水資源の過剰利用と山林・水循環系悪化に伴う湧水枯渇の増加など。
⑦　水質汚染の拡大と深刻化。

言い換えれば、それは水域や水辺の自然環境や生態系が大きく損なわれた時期である。もちろん、それぞれの項目を推進する歴史的・社会的必要性はあったのだろう。問題は目的とした「利」や「益」を過度に強調し、それぞれに必然的に伴う「負」の影響を無視して進めたことである。その負の影響をもろに受けたものの一つが「ウナギ資源」であったといえる。このような視点での、ウナギ資源減少に関する再点検をしていくことが、この問題を解決する唯一の方法である。

なお、以下現在よくみられるいくつかの指摘に関するコメントを付記したい。

前記のようなウナギ資源の危機的状況に対して、シラスウナギの乱獲が原因であるとの指摘がある。強度に資源規模が縮小した状況下で、現在の漁獲強度は乱獲に相当するという指摘はその通りである。しかし、同時に乱獲だけに目を向け、ウナギ資源が今の状態に至った根本原因について目を向けなければ、根本的な原因を見逃すという点で結果はかえって悪くなる可能性が大きい。

また、ウナギの産卵数は膨大であるから、親ウナギの数が減っても大丈夫であるかのような議論がある。この指摘については、ある程度の資源量（規模）が維持されているときであれば多少の妥当性はあるかもしれないが、現状のシラスウナギ来遊量からみてそれには期待出来ないレベルまで減少してしまった可能性が極めて高い。また、「捕食による減耗」という食物連鎖の中での生態系を維持する卵稚仔の役割について考えても、その見解が妥当であるとは言えないだろう。

また、人と生物の関係という視点で考えたときに、大部分の幼魚を捕獲して池で養殖する一方、再生産は野生親魚に任せることが適切なあり方ではないはずで、この方法を考え直すべき時に来ているといえる。

【Ⅳ】今後に向けて

これまで見てきたように、自然・生態系は自身の力で変化していくと共に、人の関わり方でも変化してきたが、現代はその人の関わり方による変化が自然・生態系を根本から破壊するレベルに達している点で歴史的に極めて特異な状況に至っている。また、人の関わりで発生した自然・生態系の変化により、五感、自然観、好み、生活、社会の在り方など様々な点で人と社会の変化が起きる。その人や社会の変化が、再度自然・生態系に影響している。自然・生態系と人・社会は、こうした相互作用によりそれぞれが変化していく特徴を持っている。この相互作用の結果として、現代の人と社会は自然・生態系の破壊的改変・利用を容認するに至っている。この点の修正がない限り、近い将来極めて悲惨な状況に陥るだろう。

これからの自然・生態系について考えていくためには、一つは自然・生態系そのものを見ていかねばならないが、同時に人と社会についての深い洞察が伴わなければならない。その洞察において注目すべきポイントは本文中の指摘を参照にしていただきたいが、ここで一つだけ本文中で触れられなかった点について指摘させていただくとすると、自然・生態系を活かした未来を志向するとすると、各地域における適正な年齢構成の社会の再構築とその地域における生活に余裕のある家庭を基礎にした地域共同体の再構築以外にないということである。この理由については、自然・生態系の持つ単位時間が長く代々受け継げる多世代家庭が唯一自然・生態系に関わる基礎単位になれる可能性をもつこと、地域の自然・生態系との関係で生まれる質の高い生活の享受はそこの住む人や社会であることなどによる。別の面から見ると、世界中の資源を浪費する「グローバル社会」から地域に根を下ろした社会への脱皮が必要ということでもある。また、大都市集中型社会から適正な地方分散型社会への脱皮という側面も持つ。現状では、自然・生態系管理（破壊）は行政や企業に移る傾向が強いが、地域社会を主体に取り組み等を決めて実行し、行政や企業はその補助役に限定すべきである。

最後に、このような取り組みは「古き良き時代を復活させる」ことではないことを明確にしておく。

自然・生態系と共に人・社会における変化は基本的に不可逆的であり、決して元には戻せない。今の私達に出来ること（すべきこと）は、本来の自然・生態系の真の姿をよく知り、それと人・社会の関わりの歴史と現状を知り、参考にすべき点を見つけ出し、これからの時代における「新しい自然・生態系」と人・社会の姿を模索することだけである。

《註》

沖積平野は河川が運搬した砕屑物（砂泥や礫）が堆積したもので、谷底《こくてい》堆積低地、扇状地、氾濫原、三角州などの総称である。以前は最終氷期後の約一万年間の沖積世に形成された平野（成因が異なる海岸平野を含む）を指したが、沖積世という時代区分が使用されなくなり、その使用は推奨されていないが、本文では山地と海岸の間に広がる平野という意味で便宜的に使用する。

【第Ⅳ章】海外研究機関に学ぶ

小松正之

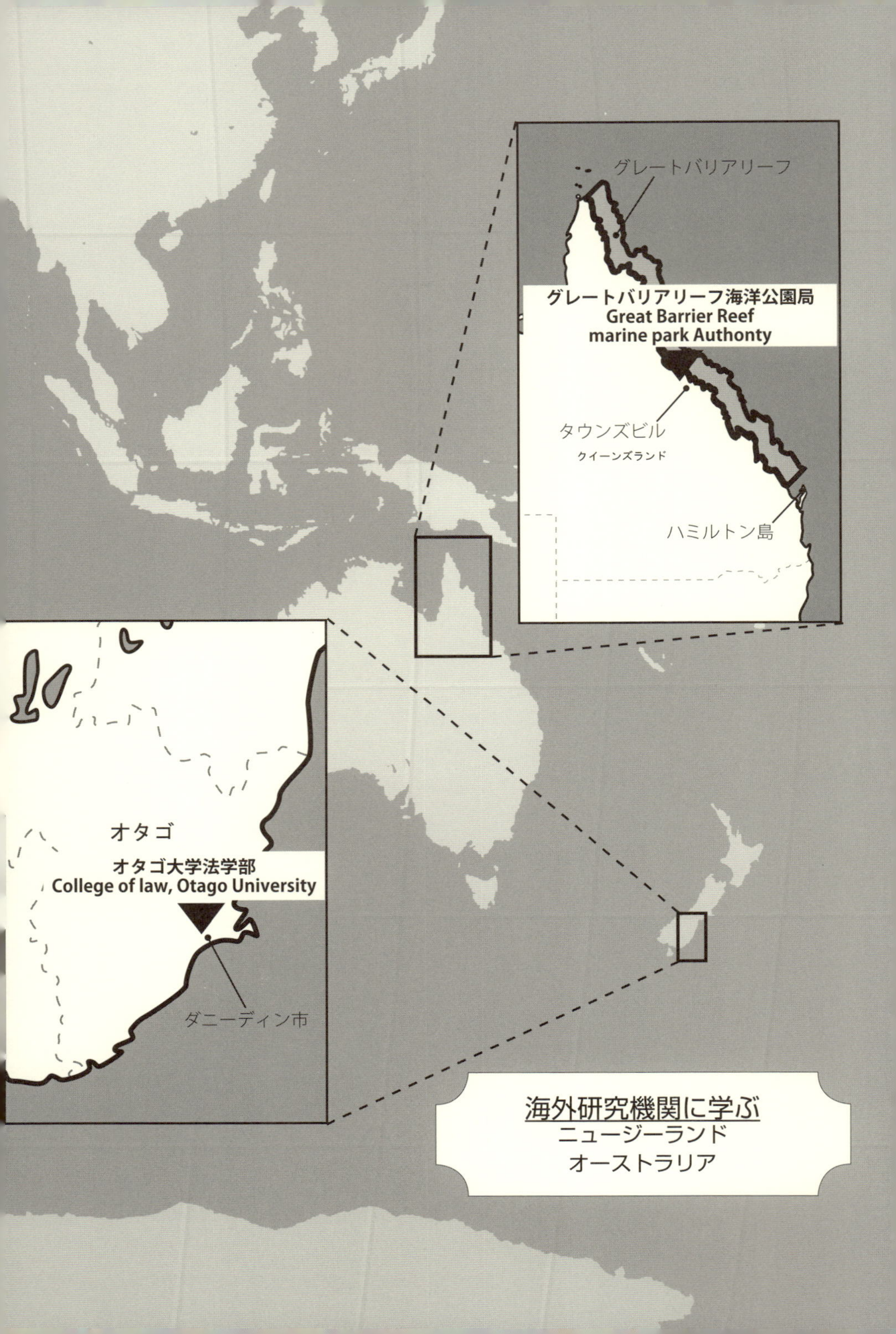

グレートバリアリーフ
グレートバリアリーフ海洋公園局
Great Barrier Reef
marine park Authonty
タウンズビル
クイーンズランド
ハミルトン島
オタゴ
オタゴ大学法学部
College of law, Otago University
ダニーディン市
海外研究機関に学ぶ
ニュージーランド
オーストラリア

〈ニュージーランド〉

ニュージーランド環境省

環境省ベッキー・アディソン（Veckey Addison）氏

グラン・ブランイデン（Grant Bryden）第一次産業省水資源部長／ジャック・リー（Jack Lee）氏

ニュージーランドでも、一見違ったように見えても日本と同様の生態系や環境悪化に関して問題を抱えている。初期の入植者たちは、森林を伐採して畑や草地を作り、農地や羊の放牧地にした。そこで土壌の流出が起こったし、また針葉樹を植林してそのままにしてしまうので、土壌の流出がますます増加した。

その後、羊の放牧数を大幅に減らし、収益を見込める酪農を目的とした牛の放牧を行った。そのため、牛の牧草の育成用肥料を施した場所で栄養分が過剰に、また、牛の排泄物で窒素分が更に過剰になり、富栄養化の問題が起きている。これらの問題の具体的な規制策は、地方自治体（Regional Council：地方議会）が講じることになっている。国は、農業の基本方針を定める。

北島の東海岸地方のラウクマラ山脈（Raukumara Range）の水系が、このような例として挙げられる。また、環境省が水資源管理とその品質維持の観点から本件に取り組んでいる。ニュージーランドでは、水源には所有権が設定されておらず、誰もが自由に取水してもよかったが、最近では、水を大量に海外へ販売する会社が出現し、大きな問題となっている。したがって、これからは取水制限も必要となっており、場合によっては取水量を削減せざるを得ない。

NZ北島のワイタンギ附近の砂浜堤防がない。
（2017年7月筆者撮影）

関係法律としては、天然資源管理法（Natural Resource Management Act）がある。環境省では、淡水レポートを毎年作成している。「Our Fresh Water 2017」が最新報告書である。

ニュージーランドでは、水資源へのアクセスは、地下水も含めて基本的に自由である。規制がなく誰でもが採水可能であるが、これが問題である。水量測定は、ボーリング柱を何ヶ所にも立て、その水系の河川水量と地下水量とを把握する。

牛の放牧による水の汚染も大きな問題であり、これらの規制も導入している。農業や牧草地の肥料の制限については、肥料や窒素の流入量をボーリング調査で測定し、それに基づいて科学的に肥料の削減量を決定している。

取水量の決定や肥料・飼育（数）の削減も、地方自治体議会（Regional Council）が決定する。

ニュージーランドでは、住民や環境団体の力が強く、農業団体の力に勝るところがある。そのため規制が導入される。二〇一七年九月二三日に総選挙が実施された。水資源の問題は、総選挙の大きな争点の一つであった。

オタゴ大学
ニコラ・ウィーン（Nicola Wheen）法学部准教授

ニュージーランドの水資源管理は、地方自治体が行うことになっているが、現実は、地方自治体（Regional Council）がそれほどしっかりしているわけではない。科学的な根拠といっても、特定の科学者に研究をしてもらってはいるが、データが十分というわけでもない。比較的大きな河川については、水量もあり、最低（最小）水量も決められているが、その他の小規模河川については、殆ど研究らしいものがない。

中央の環境省は、二〇一七年環境ステートメントなどを作成しているが、検証らしいものがなされておらず、単なるペーパーであるし、それが守られているかどうかのモニターもない。

地方自治体でも、科学者の提言に基づいて、ある取水量の制限や最低河川水量が提言されるが、一方で、全員参加型で水量規制や排水基準を決定する仕組みである。そのため、酪農家は積極的に発言し、規制を緩やかにしようとする。河川へ排出される窒素の削減用の植林などが地方自治体議員によって決定されても、酪農家が実際に河川と酪農場との間に植林をしてはいない。植林コストは多額にわたるし、植林をニュージーランド政府が補助金を出して支援することは、まったく考えられない。そのため、決定政策も実行されない。農民の声が大きいので、結局は薄弱な科学的根拠に基づく政策が実行されず、実に心許ない結果となってしまう。

水資源政策で最も重要なのは、河川の健全性を維持することである。理屈上は、大学の研究者も、消費者も、全員が、水資源管理の政策にコメントを提出出来る。だが一般の人には、時間もエネルギーもない。一方で、農民・酪農家は、ロビイストを雇い、政治的活動に力を入れている。彼らの力が大きく反映される傾向が強い。

ニュージーランドの水資源管理と水質維持にとって最大の問題は、酪農からの排出である。歴史的に見れば、ニュージーランドは八〇％以上の国土を森林が占めていた。それを伐採し、羊を飼い、そして最近では羊の放牧に代えて、より収入の大きい酪農を導入している。酪農のために森林を減らし、そこは牧草地になった。牛の排泄物だけでなく、ゲップは、温室効果ガスのメタンであって地球温暖化の原因である。

また最近は、マツの針葉樹を植林し木材として成長させて輸出している。森林の植生を変えるこの問題は、ニュージーランドにおいては割合としてあまり大きくはない。

〈オーストラリア〉

グレートバリアリーフに生息するサンゴ。（実験室内）（撮影 2018 年 2 月 13 日）

オーストラリアのクイーンズランド州沖に広がるグレートバリアリーフ（大堡礁）は、日本の国土面積の九〇％に相当する三四・四㎢を有する広大な海域である。これは南北二三〇〇㎞に及び三〇〇〇ヶ所の保礁からなり、世界のサンゴ礁の約一〇％を占める。

グレートバリアリーフは観光、船舶での輸送、防衛、漁業、原住民の伝統的利用、科学研究と多種の目的で利用される。しかしながら、広大な珊瑚礁の海域を保護するため鉱物資源と石油採掘は禁止である。

一九七五年に「グレートバリアリーフ海洋公園法」が成立した。この近海で計画された石油採掘に反対する住民が立ち上がり、その後環境省職員と国会議員も積極的に支援した。女性の職員、議員が中心となったことも成立の鍵であった。

一九八三年から海域別に保護、利用の度合いを明確にして四つの海域に分けるゾーニングの作業を開始した。しかし採捕の禁止が十分でないとして政府は、再設定を開始した。

二〇〇二〜三年に政府原案を作成。公表した上で説明・意見交換会を一〇〇〇回以上開催した。

そして一一月にゾーニング計画を完成。二〇〇七年には海洋公園法を改正し、五年ごとに計画の策定を義務付けた。このようにして、住民の参加で、科学データを客観的に収集しながら、グレートバリアリーフを守る努力を続けている。

グレートバリアリーフ内のハミルトン島のカラマタン湾。海面下で黒く見えるのが珊瑚礁。（2012年1月筆者撮影）

この島はグレートバリアリーフの中でも唯一ジェット機が離着陸する。リゾート地として、家族連れや新婚旅行先にとって人気があり大型ホテルとコテージがある。ホテルのルームキーで他のホテルやレストランなど島内の全ての施設が利用可能である。誠に便利である。島の沿岸部ではグラスボートで珊瑚礁の観察が、またホテル前の浅い海のカラマタン湾は、遠浅の湾で、歩いてサンゴ礁の観察が出来る。色彩が鮮やかではない礁石サンゴで黄色、緑色や白色である。多くのサンゴの白化現象が進んでいる。

オーストラリア環境省

二〇一八年二月九日、オーストラリア環境省はグレートバリアリーフについて、保護の経緯と歴史、近況と今後の対応について、次のとおりに説明した。

① グレートバリアリーフは一九八一年には世界遺産に登録され、その保護は世界から要請され、その根拠法として一九九九年に連邦議会で環境保護・生物多様性法（The Environment Protection and Biodiversity Act）が成立し、世界遺産としてのグレートバリアリーフを保護する法的な根拠を与えた。遡って、一九七五年には、オーストラリア国内でも「グレートバリアリーフ海洋公園法」が成立、またクイーンズランド州でも州法が成立し、連邦政府と州が共同してその保護と保全に取り組んでいる。

② しかし、その保護は簡単ではなく、陸上からの流入水と土壌の流出対策が主な対策である。土壌流出の原因は牧草地の浸食が主である。牧草地は放牧の利用地でグレートバリアリーフに与える悪影響の最大のものである。更にサトウキビ畑では、過剰な肥料が使われ、殺虫剤も使われて、これらがサンゴの死滅の大きな原因である。これの使用量の削減が行われ、今後も削減が必要である。オーストラリアの農業もコスト高から人員の削減が進展すると安易に肥料と殺虫剤に頼る。これを改善することが課題だ。

③ また、ドレッジング（濬堀・海底土壌の掘削）等で海中に流出土壌が流れ出す影響が大きい。

④ 現在、連邦政府とクイーンズランド州政府が双方共同して河川トラストを立ち上げ、土壌流出の問題となる掘削・濬堀の問題、フラット・プレイン（保水力のある湿地帯）の喪失問題と対応策を検討

している。湿地帯に安直にサトウキビ畑を作り、栽培する。この場合緩衝地帯であった湿地帯が、かえって富栄養化や薬物の汚染の源になっている、海藻の異常発生や海浜植物の発生の問題もある。また、材木を水面に浮かべていることで河岸を破壊する問題もある。

⑤ このように、現在は、諸対策を精力的に実施中である。二〇一一年にユネスコの世界遺産委員会から、現状を悪化させない（Not Compromised）ようにとの勧告が出たことによる。豪州政府は二〇一二年から毎年報告書を同委員会に送っている。世界遺産の保護は国際的な公約でもあり義務でもある。また、これは、豪にとどまらず、世界的な価値を有する遺産であると考える。また、その保全のために努力を払うことを継続しているとの評判が非常に重要である。

⑥ オーストラリア政府は二〇一五年には『リーフ二〇五〇年』の長期計画を作成し、二〇五〇年までには水流の中に含まれる汚染物質や過剰栄養物質を、二〇一八年には五〇％に削減し、窒素化合物を八〇％削減する目標を掲げた。また、二〇二五年までには人工的由来の汚染物質の流出量を二〇％削減し、流失土壌は五〇％を削減する目標を掲げた。そして初年度では三％を削減したので、優秀な成果が上がっていると考える。八百万ドルの予算を投資しているので、毎年レビューの対象になっている。

地球温暖化が進行し珊瑚の白化現象が進んでいて、それに対する対策が手の施しようがない。白化現象は二〇一五年と二〇一六年でも進んでおり、この二年間でサンゴの五〇～六〇％を失った。また二〇一七年には更に二〇%を喪失し、残っているサンゴは約二〇~三〇%しかない状態である。二〇五〇年には三%しか残らないとの予測がある。

サンゴ礁を生活のサイクルとする魚類などが生息するので大きな問題である。幸い今のところ、サンゴの白化現象は温暖化が比較的進んだ北部の大堡礁（Great Barrier Reef）でほとんどが起こっており（豪政府公式文書では、白化はむしろ北部では進行せず、南部で進行しているとの記述あり）、南部の観光が盛んなところではではまだ大した影響がない。観光業界は、サンゴの白化が進んでいることを隠したがっている。情報は積極的に発出して、説明責任を果たした方が、適切であると思うが、どうもそうならない。

⑦
調査の手法としては、人工衛星によるリモートセンシング画像データを解析することが最もよいと言われている。これは二~三〇年分のデータ蓄積がある。このデータから、科学的な汚染物質や栄養成分を分析する作業が必要である。この分析は、非常に手間がかかるものだ。また、グレートバリアリーフは遠浅で、画像に海底が映り込むのである。流入の跡か海底地形かの識別が難しく分析に適さないとも言われている。

⑧
調査へ八百万ドルの予算を付け、各種の調査と分析を始めている。長期的な富栄養化、汚染の両物質の広がりを予測を立てている。予測から適切な対応と検討をして有効活用をしなければ、予算が削減されてしまう。

グレートバリアリーフ海洋公園局（GBRMPA：Great Barrier Reef Marine Park Authority）

グレートバリアリーフの劣化、サンゴの死滅の原因は、陸から流入する汚染物質、富栄養化物質（窒素、リン、有機化合物）である。毎年のこの海域への流入量を調査している。重大な流入物は、クイーンズランド州の産業であるサトウキビへの化学肥料や殺虫剤（農薬）、または放牧からの糞尿などの有機化合物だ。これらの流入物、栄養塩について研究所は、過去一〇〇年近くにわたってモニターしている。特に最近三〇年程度のデータは充実している。こうしたデータを活用して、ゾーニングへの反映、人間活動禁止区域の設定、農業においての化学肥料使用量の削減を、研究所は勧告している。

また、森林の栄養具合や都市部から生活排水の流入量をモニターして、適切な勧告への科学的根拠を提供している。

① 白人・欧州人が入植する前の一八九〇年代のクイーンズランド州の土地の状況、植物相（熱帯雨林）や海岸と汽水域の状況ついて、その状況を地図上再現しての説明するところ、一八九〇年代は現在とは、全く異なる植物相をしていた。入植後の森林を伐採し、これらをサトウキビ畑や牛の放牧用の草地ないしは沿岸域の居住地にする以前には、土地の利用も殆どなく、熱帯雨林と自然の草地があり自然の生態系が維持されていた。グレートバリアリーフは、これらの陸上の生態系と海洋の間のバランスで数千年から数万年をかけて形成されてきた、海陸一体の生態系である。一九四〇年代となると、熱帯雨林が伐採されはじめ、また、平地には居住地や道路が出来て、沿岸域が開発をさ

れ始めた。伐採後の土地は少しずつサトウキビと牛の放牧などに利用されてきた。また、沿岸地区での汽水域の船舶の停泊地、倉庫と居住地の為の開発が進ん出来た。二〇一七年現在では、多くの土地が過去とは全く違った形で利用されている。

②

一〇〇年以上にわたる土地利用図の作成と研究成果は、基本的な情報提供である。また土地の利用によって生態系が変化しているのか、グレートバリアリーフの喪失への影響と保全対策を知るものとなる。クイーンズランド州政府に残っている土地利用と植物相の情報を入手して、これをマップ（地図）に落とし込む作業を行った。これはきわめて地道な作業であるが、他の業務をしながら約八ヶ月で完成した。もちろんクイーンズランド州のどこの地域の何か所を対象としてマッピングをするかにもよる。この地図はきわめて有効な情報であって、どれだけ自分たちの身近な生態系が変化しているのか、そして、その変化とグレートバリアリーフのサンゴ礁の喪失と白化現象などの関係を、人々はこのような地図がなければ知る由もなく、これらの情報に基づくプレゼンテーションが科学者に対しても、行政や政治家と一般の人々にとっても極めて重要な手段となる。

また、重要なのはこれらの土地の生態系の状況を全体像として取り込んで、専門の分野をそれぞれ結びつけることが大切である。これを誰かがやらなければならない。科学者は、自分たちの研究に没頭して、他の研究分野に関する興味を持たないのが一般的であるが、それではグレートバリアリーフの白化現象の問題の解決はまず不可能である。そのため繰り返し説明を行う。また図示やパワーポイントの解説図の説明、ＳＮＳでの発信は、きわめて有効であった。

③ところで、生態系と植物相との歴史的な土地利用の変化については、数ヶ所にわたってマッピングを実施して研究の基本にしているが、その代表的な事例の一つとしてプロセルピン（Proserpine）地区がある。これは研究の本部があるタウンズビル（Townsville）から南に位置し、マッカイ（Mackay）の北に位置する。盆地流域であり、プロセルピン川の下流で汽水・湿地帯の直前に水量のコントロールの為のダムをつくったら全くその下流の生態系と水の流れや水量などが変わってしまった例である。下流の湿地帯は水のコントロールが出来たので水量が減少し、洪水もなくなり、そこにサトウキビ畑と草地が出来て、水量が減少した分井戸を掘り、水をくみ上げて灌漑し、供給している。これにより全く地下の水脈も変化してしまって、これが地下水を通じて海域とグレートバリアリーフに流れ込む水量にも影響をおよぼしている。これは、残った湿地帯の生態系への変化ももたらしている。

④このような情報をコツコツ繰り返し入手し、科学者、行政と政治家並びに市にも説明をしていると理解者と協力者が増えてくる。このような取り組みをすることが我々にとっても生きがいともなる。また、グレートバリアリーフは多くの魚類にとって生息域や産卵場を提供している。また、沿岸域の湿地帯・汽水域も同様である。陸域と海域の関係は魚類と動植物の生息と生存、魚類では資源量にも影響を与えるなど、非常に重要な機能をグレートバリアリーフは有する。

整理するとグレートバリアリーフにとっての脅威は、牧草地と牛の放牧、サトウキビ畑、沿岸域の開発、地球温暖化と各種土壌の流失などであり、最近ではオニヒトデ（Crown of thorns starfish）による被害が甚大である。

オーストラリアの取り組みから

オーストラリアの環境省、グレートバリアリーフ海洋公園局の活動から、我々の「海川森と人プロジェクト」と照らし合わせてみた。

現状を踏まえた取り組みは、陸前高田市気仙川流域でプロジェクトを進める上で、参考になるものと考えている。

① 河川の直線化、河岸および海岸の堤防建設、嵩上げ、そのための資材調達として砂利採集を気仙川で行った場合は、かえって状況を悪化させる。

② 蛇行する天然の河川を直線化にすることによって流速が速まる。このことから土砂の浸食が進み、速い流れのままで河口へ到達することから海岸にも浸食が及ぶ。防災目的とされるが、浸食が進むことによって防災効果が減少する。また生態系が破壊されてしまう。特に防災効果の減少については、科学的な論文をオーストラリア環境省から提供を受けることになった。

③ 陸前高田と気仙川の流域に建設する堤防への盛り土、嵩上げへの資材のトレースが不可欠である。重金属（水銀、カドミウム）の含有の確認、一〇〇年前の生態系、土地利用と植物相、また海域の状

況を精査しマッピングをする。生態系の変化がわかり、どのように海域に影響をしたかが明確に把握出来ることは、要因の追求と環境保全に有効である。

④ 土砂を採取した森林へ植林、または草などの最低限は植えること。オーストラリアや国際常識では、必ず植樹する。

⑤ リモートセンシングの分析については、遠浅なグレートバリアリーフと比較して気仙川が注ぐ広田湾は深く、岩手県沖二㎞は深度ある海溝型の地形を持つことから、その有効性が期待出来る。

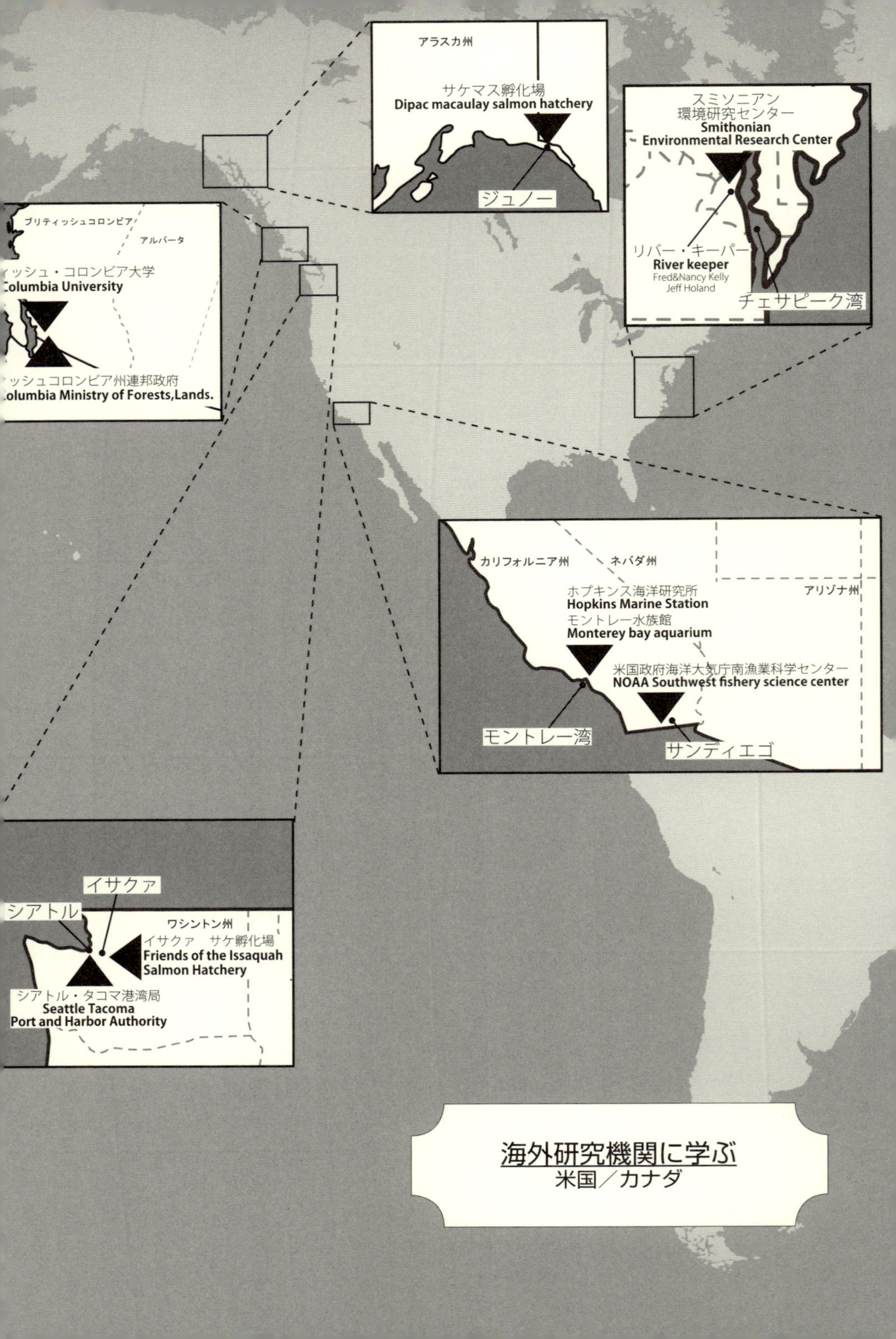

海外研究機関に学ぶ
米国／カナダ

各研究機関を訪ねる

スミソニアン環境研究所（SERC）

アンソン・ハインズ（Anson Hines）所長、デニス・ホイガム（Dennis Whigham）博士
デニス・ブレートバーグ（Denis Breitburg）博士、ウィトマン・ミラー（A.Whiteman Miller）博士

五〇年ほど前に設立されたスミソニアン環境研究所（SERC）は、博士課程の研究者も入れると約二三〇名が在籍し、現在は常時一四〇名体制で運営されている。そのうち研究に従事するスタッフが約九〇名在籍する。約一億二千万ドル（約一四〇億円）に及ぶ年間予算の大半は連邦政府からのもので、残りはNOAAとペンタゴン（国防省）からによる。その他プロジェクトによっては競争入札が行われることもあり、現在進行しているチェサピーク湾の水質と環境に関する五年間のプロジェクトは、競争入札によって獲得したものである。

2017年3月1日
スミソニアン環境研究所（SERC）外観。

　現在ハインズ所長らは、SERCが所有する約二六七五ac（約一三〇〇ha）の敷地を使い、温暖化によるハリケーンなどの高波に備え、海岸線を守る研究を進めている。敷地内にはかつて四つの島があったが、温暖化による水位の上昇で一・五島に減少している。

　ハインズ所長らは垂直壁の建設を禁じ、自然の形を活かした「リビングショア」の建設を進め、植物による二酸化炭素の吸収実験も並行して

行なっている。このような海岸線は波の衝撃を吸収し、生物の多様性の維持や亀などの産卵にも役立っている。

チェサピーク湾では一時カキの数量も激減したが、現在はやや回復傾向にある。カキは一個で、一日に五〇gal（一gal＝三・八九ℓ）の水を浄化するといわれ、カキを水質浄化にも使用している。ドレッジング（カキのけた引き漁業）も行われているが湾の底質を破壊するため禁止すべきという声も多い。

ハインズ所長と筆者。

SERCは、チェサピーク湾の研究に留まらず、ルイジアナ州に上陸したハリケーン・カトリーナの影響についても行っている。陸上の植生と海域との関係性を調査出来る広大な敷地は、特筆すべきものである。

ここを訪れた目的は、次のとおりである。

①森川海研究について意見交換すること。二年前の訪問時に「気仙川・広田湾総合基本調査」ついて話をしたが、その後の進展について説明。特に津波の防災対策として巨大な堤防が出来たが、それがむしろ地元の環境への影響について評価をしていただけないか、森川海研究の目的や方法など全般的な助言を得たい。

②加えてチェサピーク湾の資源の管理についてご紹介を得て、日本の沿岸資源管理の参考にすることである。特に前者について今後の可能な協力関係について協議をしたいことであった。私たちには気仙川・広田湾水系

の基本的な情報が何もないので、これらを収集し整理することから始めている。また震災後に一二・五mに及ぶ巨大な堤防が出来たが、実際の津波の波高は一七・六mであった。土木の関係者はシミュレーションをして四〇年に一度程度規模の津波は守れると言っているが、自然を活用した工法はあるのかなどを彼らの見解を求めた。

●ハインズ所長から

森川海の取り組みに関しては、まず、文化人類的に関係者の話を聞くことも大切であるが、時代の変化によってどのように土地の形状が変化し、開発が行われているか、歴史的にたどることが重要である。日本の場合は地形図が良く残ってのではないだろうか。また最近の二〇年程度をグーグル・マップで把握するだけでも非常に有益である。デニス・ホイガム博士が専門的で、調査を経験しているので、彼から説明する。

●デニス・ホイガム博士から

京都大学の故河野正一先生（二〇一六年一〇月に逝去）が、日本での生態系の保全には非常に熱心で、活発な運動をされた。自分も彼に招かれるなど六回も訪日した。河野先生が行った保全活動は富山湾の湿地だった（一九六八年に富山大学の助教授として赴任）。その後力を入れたのが敦賀の中池見の湿地帯だった。ガス会社（大阪ガス）が液化天然ガスの備蓄基地として開発しようとしたところに、地下六〇mまでの泥炭地であることを発見して、論文を外国に何度も発表し、海外の研究者を呼びシンポジウムを開催するなど、地道な抵抗運動を重ねて備蓄基地開発を止めた。※ また、福島県の奥只見ブナの原生林の環境や大雪山の自然も守った。

彼はリージェント研究員であり資金面は研究所から支給されていた。

それでも、自身で資金を獲得してスミソニアン環境研究所に学生を連れてきて調査・研究の訓練をしていたものだった。学生たちを交えながら手料理を食べながら歓談したものである。

※二〇一七年四月に中池見湿地の保護活動をした敦賀市在住の笹木進・智恵子ご夫妻によれば、経済が停滞し、備蓄基地が経済的に割に合わなくなったことが第一の原因であろう。しかし、河野先生らの地道な努力がその決定を推進したとの由。

河川周辺の森林の窒素吸収プロジェクト

ドナルド・ウェラー（Dr.Donald Weller・Riparian Forest Effect on Nitrogen absorption）博士

ここを訪れたのは、森林が持つ大気への役割について話しを聞くためである。

チェサピーク湾へ注ぐ水系全体を、自然地理学の分類に基づいて、アパラチア山脈とその西側にある高原（アパラチア）、山脈の東側を沿岸部（農耕地）とピエモント地区に分けて農耕地、草地、湿地帯、開発地域と湾に分け、三〇m^2のグリッドを作り、その空間ごとの地形学（Topography）と水流域のマップを作成し調査研究をしている。

このエリア全体では、農業耕地帯が七％。そのうちの四一％に緩衝地帯としての森林が植えられている。沿岸部に広がる農耕地帯は、このエリア全体で一八％を占める。そのうち五〇％に緩衝地帯が設けている。

この結果、緩衝地帯がなければ九二G（ギガ）の窒素塩が河川に流入するが、緩衝地帯が二七％削減し七三Gとなっている。

緩衝地帯を更に建設・造成すれば四〇％を削減することが出来るが、全体の五八％は農耕地の撤去（農業を停止することを意味する）と他の方方法で行う必要がある。

しかし農耕地帯と他の地域ではどの方法によって窒素塩を削減すべきかの状況と方法が異なる。これらに関し、水流、特に地下水の把握はどうするのかと聞いたところ、それは、各地の地形学図を見れば、粘土層がどのように走っているかをみれば分かる。必ず水流が集まるところが判明するはずである。

水流と空気中の化学成分の動向・変動調査説明

スミソニアン環境研究所専門家トム・ジョーダン（Tom Jordan）氏

また、河川が及ぼす大気への作用について話しを聞くため、ここを訪れ測定作業を視察した。地形を分析した上で、水流が集まるところに三角形の集水路を作り、そこを通過する水量と窒素分や放射性物質と酸素量などを自動的に測定する。これは自分が発明したもので、非常に優れたものである。

2017年3月1日
NEONの測定塔。

その後空気中の化学物質を測定する測定塔（NEON（The National Ecological Observatory Network）の測定塔）を見学。測定塔は鉄柵をくみ上げた形で高さ二〇m程度。空気中の気温や湿度、オゾン、二酸化炭素や窒素量と生物量などを測定出来FLUXと呼ばれる。そのほかに土のコアを収集してその成分の分析や湿度と根の腐敗の速さなども測定する。また、小川や湿地に細長い棒を立ててそこで水中での生物を科学的分析し測定出来る。これらは湖沼や小川では連続する水量や水質の測定が出来、自動的にコロラド州デンバーの収集地にデータが集まり、それをもとにして分析が行われる。この一連のシステムをＮＥＯＮと呼び、このシステムはＮＥＯＮ・Ｉｎｃ（www.neoninc.org）によって提供される。収集するデータの対象としては、

① 大気データ：気候の物理的変動、生態系の物質のやり取り（化学物質の増減Exchange）。

② 生物化学的データ：生物の栄養源の炭素が生物内、土壌と微生物内、植物動物内と大気内をどのように動くか。

③ 生体水理：水の動きのパターンを土壌中、地下水植物中の相互の関連（Vegetation Interaction）、栄養の循環、これによって生態系の中の栄養の循環を知ることが出来る。

④ 土地の活用と土地の加工状況：それぞれの土地の表面がその利用がどのように変化していったかを測定・観察。

⑤ 微生物の集団：各個別の微生物の性質について知る。微生物集団の人口の変化と共同体の変化を観察する。

ＮＥＯＮは空間の大きさと時間の長さ（スケール）を変数とするが、サンプリング、センサーによるものと空中からの収集によるものと三つに大別することが出来る。このＮＥＯＮは過去三〇年にわたり米国本土、プエルトリコとハワイで観測され、環境や生態系の変化を知る貴重なデータを提供している。各地のデータを比較することにより標準化が可能となる。二〇一七年からＮＥＯＮは全面的に操業を開始する予定である。

湿地帯の回復実験地の視察

スミソニアン環境研究所専門家ジョン・パーカー（John Parker）氏

河川周辺の地形で湿地帯がある。湿地帯の回復、保全方法についてどのようにしているだろうか。

スミソニアン環境研究所（ＳＥＲＣ）用地内を通る道路が水源の発生地をおおってしまっていたため、水源をトンネルで保護。しかしその下流も大雨が降った時に深く抉られてしまい、大水が急速に下流に流れ出すようになった。アスファルトや工場からの窒素塩、その他の化学物質が下流に流れて良い状況とはならない。したがって水流をゆっくり、流すことが極めて重要になる。そこで、川底に土や砂礫、ウッド・チップを入れて水床を上昇させ、付近の平原を氾濫水の吸収域（Flood Plain）と活用し、大水時には平原に流れ、化学物質の分解が進むことと水流をゆっくりと穏やかに水を流すようにしている実験地を視察した。

その後、植物を一定の広さのロットに分け、そこに一種類、四種類、一二種類の植物を植え、成長や窒素分の吸収について比較対照する実験サイトを見学。ここではカシやブナなどの広葉樹を何種類も組み合わせて移植し、違いを分析していた。

チェサピーク湾のカキの利用と保護に関し、一八五〇年代のカキの生物量を一〇〇％とすれば一九二〇年代と一九三〇年代にカキの乱獲と居住地の増加と産業開発とによって生態系の変化が大きく進み、カキの資源量・生産量は約二％まで減少した。そこで、現在は各地にサンクチュアリを設定し、資源の回復に取り組んでいる。その内容は主にカキが付着して成長するには、牡蠣殻が海底の土壌層の上部にいくつか重なることが重要で、牡蠣殻を持ち込んで種牡蠣が付着するような環境づくりを推進し、そこに牡蠣の幼生(spat)が付いた牡蠣殻を持ってくる。

スミソニアン環境研究所には一一〇〇人以上がボランティアとして登録している。小学生から退職した人まで、様々な人たちがいる。これらの人たちが科学情報の収集に協力する体制を作っている。ジョン・パーカー氏は、この研究所でボランティア活動を担当してから三年になるが、業務はかなり忙しいようだ。これまでボランティアは科学者が直接指導、トレーニングしていたが、ボランティアと科学者の間に入って繋ぐことも仕事になっている。

米国と欧州では、ボランティアは市民科学者（Citizen Scientists）という組織があり、名簿が作られそれぞれの組織ごとの情報交換をしているが、同じ組織がアジアと日本にあるかは分からない。

ボランティアはメリーランド州周辺の人が多いが、この施設に寝泊まりすることはない。ボランティア活動は、特に子供の場合は、簡単な動植物や地形の写真を撮らせて、目的意識を持たせることが重要である。

NOAA（海洋大気庁）モントレー湾国立海洋保護区

ポール・ミッシェル（Pole Michell）主席監督官

アンドリュー・デボグラーレ（Ph.D Andrew Devogelaere）科学・研究調査官

保護区の設定について、事例を知るために訪れた。

海洋保護区設定の経緯と歴史、現在の科学調査活動についての助言を得る。

NOAA（海洋大気庁）フラロン国立海洋保護区
マリア・ブラウン（Marira Brown）主席監督官

続いて保護区においての活動について伺ってみた。

フラロン国立海洋保護区は、経済成長による開発が進み人々の環境保護への関心が高まった、一九八一年に設立された。金門橋（ゴールデンゲート）沖のフラロン諸島を取り囲み、一二五五㎢の広さを有するサンクチュアリ（国立海洋保護区）となっている。塩水域や海底、潮間帯や砂地など、沿岸域では数多くの生物を保護して生物多様性を支え、広大な海域と沿岸域を含む、世界でも数少ない多様性を有するサンクチュアリであり、また、環境啓蒙やモニターなどの活動も充実し、本調査活動における住民参加プログラムへの応用に参考になる。

※このような米国大気庁（NOAA）が管轄するサンクチュアリは、米国国内に一三ヶ所ある。

スタンフォード大学　ホプキンス海洋研究所（Stanford Hopkins Marine Station）
スティファン・パルンビ（Stephen Palumbi）所長

後述するがモントレー湾の回復を具現化したことは、広田湾で同様の取り組みを行う私達にとって大いに参考になる。

一時は海洋生態系が破壊されてしまったモントレー湾であった。現在はジャイアントケルプが鬱蒼と繁茂し、その森の中ではラッコが泳ぐ。ホプキンス海洋研究所所長のスティファン・パルンビ所長は、破壊されてしまった生

2017年3月2日
スティファン・パルンビ所長と筆者。

態系回復のためには、十分な回復計画に加えて、そのシンボルとなるべき動植物の存在も大切で、モントレー湾の場合には、ジャイアントケルプとラッコである。パルンビ教授は、「実は、動物は絶滅させようとしても完璧に絶滅させることは不可能である」と話す。その裏付けとして、モントレー湾に生息するラッコも個体数は減ったが、一部が残り個体数回復をしていった。そして海藻を食料としていたウニやアワビをラッコが食べたことで、ジャイアントケルプも回復し、動植物の生息場所を作り出した。更に「クリーン・ウォーター法」が成立して陸上汚染も軽減。加えてモントレー沖からの湧昇流が思いのほか強く、湾内に栄養をもたらした、という相乗効果があったという。

モントレー水族館（Monterey Bay Aquarium）

マーガレット・スプリング（Margaret Spring）副社長
ブレンダン・ケリー（Brendan Kelly）保全調査部長
ジョン・ミーディラ（Josh Meadeira）氏、ライアン・ビグロー（Ryan Biglow）氏

気仙川・広田湾総合基本調査の目的と内容に関して、科学調査の手法についてのアドバイスを依頼する。
また、今後における人材交流の可能性について、モントレー水族館が持つ奨学金制度があり、また、トレーニングが必要になれば招くことも可能。エコシステムのアプローチについて助言を受けた。

セバーン川・リバーキーパー（Severn River Keeper）

フレッド・ケリー（Fred Kelly）氏とナンシー・ケリー（Nancy Kelly）夫人

アナポリスを北西から南へ伸びるセバーン川（Severn river）は、チェサピーク湾へ注ぐ大河である。支流の一つにソルトワークス川（Salt works creek）がある。その上流はキャビン川（Cabin branch）と呼ばれ水源発祥地からの水を運んでいる。この水源発祥地のそばにショッピングモールが建設されて、窒素分を多く含む下水が流入されるようになった。結果として、キャビン川、ソルトワークス川、セバーン川へと流れ込み、最終的にはチェサピーク湾の富栄養化につながっている。これを改善・削減をするために、フレッド・ケリーのリーダーシップによる取り組みが始まった。

2017年3月2日
フレッド・ケリーとナンシー・ケリーと筆者。

キャビン川の修復環境プロジェクトは、弁護士としての経験と、科学者を知っていた夫人を通じ、河川修復専門家の知恵を活用した。また政治的に州政府のナンバー2を知っていたことから予算獲得を行った。セバーン川の守り人としての予算は十三万ドルであり、キャビン川の修復の予算は約一〇〇万ドル規模である。これは、政府が実施した場合に比べ、格段に安価な実施プランとなっている。

環境修復プロジェクトでは、抉られた河川床にウッド・チップや小石、土壌を入れ、水中に含まれる窒素分などを吸収し、バクテリアの力など分解する。また各所に枯木を置いてダム代わりにし、急速な水流を防ぐ。水がゆっくり流れることで氾濫水の吸収域を作り、そこで窒素分が分解される。プロジェクトを推進したことで下水の流入が止まり、周辺のモールの商店や工場からも寄付を得ることが出来、また、彼ら自身が商店の付近に樹木を植え始めた。しかもこの場所は不法投棄の場所であったが、不法投棄がなくなり、学生のボランティアを活用した清掃やごみ処理も始められた。

この自然を利用したダム化や水流の低速化、栄養分の吸収システムを州政府が認知するまでには時間がかかり、抵抗もあった。水を急速に流す方法しか考えない役人や工事関係者を説得するのに手間取ったが、この方式を実践する科学者の知己を得たことが大きい。

フレッド・ケリーはポトマック川沿いの原子力発電所建設計画も止めている。そこがある種の魚の産卵場であったからであるが、初めは差し止めの裁判で証言してくれるよう多くの科学者に頼んだが断られた。結局は二人の科学者だけが証言したが、連邦政府から研究資金を得ている多くの科学者たちは、自分の職が危うくなることを恐れた。

チェサピーク湾で最も大切な河川はサスケハナ川であり、上流はペンシルベニア州とニューヨーク州にまたがる。この両州はチェサピーク湾を共有していないため、湾の環境保全にはあまり熱心ではないが協力は不可欠である。またサスケハナ川には下流にダムがあり、上流からの土砂を抱え込んで、ダム機能を果たしていない。撤去が出来なくとも改善は必要である。

ウェスト川とロード川・リバーキーパー（River Keeper）

ジョフ・ホーランド（Jeff Holand）氏

チェサピーク湾に注ぐ、ウェスト川とロード川におけるリバーキーパーの役割は、河川のモニターである。チェサピーク湾にはこのようなＮＧＯ的な組織が約六〇〇存在し、海岸線の修復も手がけている。これらの河川では、堤防は断続的には作るが、連続しては作らない。また、民間及び個人住宅についても捨て石ヲ敷き詰める「リップラップ」や垂直型のコンクリート壁や鉄壁である「バルク・ヘッド」を設けることを禁止し、自然の草木を植生することで自然を回復させる、「リビングショア」によって波を吸収し、水位の上昇にも対応している。

チェサピーク湾における問題点は、水質は回復しているが透明度が低く水草が生えないことである。水草がなければ、カニも魚も寄りつかない。透明度を回復させるには、農業での鶏糞肥料や生活排水の制限が重要である。畑の肥料はすでに過剰な状態であり、更に鶏糞散布は土壌にも悪影響をおよぼす。リバー・キーパーはこのよ

うな水質測定や法の遵守を監視する役割も果たす。運営資金は連邦政府、州政府、基金、個人献金によるもので、財政上は豊かではない。

カウンシル・ファイア（Counsilfire）

ジョージ・クマエル（George Chmael）氏

チェサピーク湾のブルークラブなど漁業資源回復のための活動を行う。

近年のチェサピーク湾の問題は、漁業者の漁獲高を削減すれば解決出来るものではない。汚染物質と富養化の物質の流入に加え、東海岸にある養豚場・養鶏場からの糞が湾に大量に入り込んで水質が悪化し、生態系と漁業に悪影響が及んでいることは明白である。企業活動が環境へ与える影響は大きい。企業が果たすべき社会的責任や行動規範について、モントレー湾にも近いスタンフォード大学の学生たちによって原案が作られた。この原案に基づいて活動をすることを企業に要請している。実施している企業を「ベネフィット・コーポレーション」と呼んでいる。

パワー（POWER）（ボランティア団体）

パワーはカキの撒布を行うボランティア団体である。指定された場所にカキを撒布することで水質を浄化し、また河川床となってカキの種が再付着し、河川の改善が進むと考えている。

東海岸のチェサピーク湾と西海岸のモントレー湾について

チェサピーク湾とモントレー湾は、一九三〇年代より時間をかけ、地道にそれぞれの湾の再生に取り組ん出来た。チェサピーク湾では大学機関・国家・研究機関、メリーランド州政府、NGO団体が連携しながら回復調査に取り組ん出来た。チェサピーク湾の特徴は、カキやワタリガニ及びシマスズキを漁獲する漁業が引き続き行われているということである。その漁業の規制も漁獲努力量規制やITQなど多岐にわたり導入されている。

モントレー湾では一九世紀よりラッコの毛皮漁、アワビ・イカ・クジラ漁が行われ一九三〇~五〇年代にはマイワシ漁が最大規模に達した。現在では「モントレー湾サンクチュアリ法」を成立させ国家としての取り組みを行っている。

チェサピーク湾では、法律こそ成立させてはいないが、連邦政府と関連する州、大学機関が連携する体制が確立されている。

実際に中心の研究機関となるのは、チェサピーク湾はメリーランド大学とスミソニアン環境研究所、モントレー湾ではモントレー水族館、モントレー湾サンクチュアリ研究所が行っている。

研究機関の連携、民間団体やボランティアによるデータ収集と力を集結して研究を実施している。

このような総合的な研究体制にたどり着くまでには長い時間がかかっている。

〈モントレー湾〉

モントレー湾の死

モントレーの沖は、カリフォルニア海流の南下と海底からの湧昇流が栄養塩をもたらし、豊かな漁場を形成する。一八世紀に到来したスペイン人やフランス人が、この漁場に目を付けた。最初に売られたのはラッコ皮で、米国人は広東省の中国貿易商に販売した。清朝の上流階級が好んでラッコの皮製品を身に着けた。ラッコの乱獲後、一九世紀初頭には捕鯨である。沿岸性の東太平洋系群のコククジラを捕獲した。一九世紀に中国人入植者がイカとアワビを乱獲した。これらの加工品の物資をもって中国に販売しようとした。そして、大西洋の資源とハワイ近郊のクジラ資源を獲りつくした米国の帆船捕鯨船が日本の近海で操業し、一八五三年ペリー提督による「日本の開国」の要求につながった。

その後、二〇世紀の初頭から乱獲されたのがマイワシである。マイワシは食用としての缶詰としてだけではなく、肥料用のフィッシュミルや魚油になった。そのために工場の稼働力が向上して、資源状況は無視して漁獲が増大した。カリフォルニアで最盛期一九三六年には七万三千tの漁獲があった。一方で、工場からの廃液はモントレー湾に垂れ流し状態となり、モントレー湾の海洋生態系は崩壊に陥った。

パシフィック・グローブ市長ジュリア・プラット（Giulia Platto）

乱獲を繰り返すモントレー郡の漁業者と缶詰工場経営者に心ある人は警告を発した。しかし大勢の人は、缶詰工場からの雇用と経済の恩恵を受けており、表立って反対しなかった。こんな時一人の女性が立ち上がった。環境や生態系を無視して産業を優先すると、モントレー湾の海洋生態系が破壊され、漁業・加工業と住環境も壊滅すると警鐘を鳴らした。モントレー市に隣接する街であるパシフィック・グローブ市のジュリア・プラット市長が最初の運動家であった。彼女は、海洋生態系を保護する「海洋公園（海洋保護区）」の設定に一九三一年に成功した。彼女は一九三五年に死去した。この公園は一九八四年に拡大され生態系回復に効果を示す。

他にも心ある活動家がいた。『エデンの東』の著者でノーベル文学賞を受賞したスタインベックは内陸のサリナス市の生まれでこの地域をこよなく愛した。彼の精神的支柱で生物学者であり哲学者のエド・リゲットや後にスター・ウオーズの作者として有名になるキャンベルら共に、生態系を取り戻すグループを結成した。小説「缶詰横丁」で人と自然の重要性を訴えた。それでも世界不況の影響の中で、最も頼るべきイワシ産業を縮小しろとの声には耳を傾ける人はいなかった。

海藻が回復したモントレー湾。（筆者撮影 2009 年 9 月）

マイワシは、突然いなくなった。一九四七年のことだ。マイワシは今でも戻らない。

ジュリア・プラットが設定した海洋公園が功を奏して、まずラッコが回復し、それがウニやアワビを食べだした。その結果、それらが餌にしているジャイアント・ケルプが缶詰工場からの内臓の投棄や廃液もなくなり、生育しだした。海藻が戻ったら魚類が戻り海産哺乳動物や鳥類も戻った。

これに合わせて、廃棄された缶詰工場改修と街づくり計画が開始された。一九七〇年代後半のことである。パッカード財団も街づくりのプロジェクトへの拠出を決め、デビット・パッカード自身が最も大きな廃棄缶詰工場をモントレー水族館へ改造する計画に参画した。

一九三〇年代から現在まで、多くの人々の力でモントレー湾の自然を取り戻した。自然と一体で人間は生きることが大切であるとの考えが実った。プラット市長やスタインベックらが活動を開始してから、現在まで八〇年を要している。

プラット市長と市民の信頼関係

プラット市長は、市長になる前に長い間パシフィック・グローブに住んでいた。多くの市民が彼女を良く知り、信頼関係が出来上がっていた。海洋保護区（リザーブ）の設定も当時としてはよくやったと思うが彼女は市民の同意を得るタイプの女性ではなく、強烈なリーダーシップで引っ張った人であった。彼女は、科学者のリゲットやノーベル賞文学賞受賞のスタインベックと話が合わなかった。彼女は具体的な方策を提案して実行した。彼女自身博士号は有していたが、その後研究論文を書いたわけでもなく、一方でリゲットは、博士号も学位すら持っていなかったが、研究論文は数多く発表した。イワシの不漁についても、海洋の環境の変化で、激減すると主張したことは当時の学者としては、珍しい。それを漁業者や加工業者に話したが誰にも相手にされなかった。二人ともパーティーが大好きで、人と交わることは上手であったが、科学的な問題を人々に知らせ、説得し行動する能力に欠けた。一方プラット市長は長年住民からの信頼も得て、コミュニケーションも良く出来ていた。リゲットとスタインベックは後年に有名になった。

湾の回復シンボル

プラット市長が海洋保護区の効果の学問的な裏付けを持っていたかは、今となっては記録もなくわからない。しかしうまくいくとの確証はあったのではないか。それはパシフィック・グローブ市が観光の街で、一方のモントレー市は缶詰工場が産業の中心で、そこから出る煙とにおいで、観光の街パシフィック・グローブ市は大打撃を受けた。それに対し、対策を講じることに市民は反対しなかった。彼女は市民が海洋保護区の中で少しばかりのアワビを取ることも大目に見た。それが成功の秘訣だろう。

回復計画を推進する上で、重要なことは更にポイントを絞ることである。これが分かりやすいシンボルになり、モントレーの場合はジャイアント・ケルプやラッコに絞った。その結果活動の焦点が明確になった。二〇一一年三月の東日本大震災で壊滅的な被害を受けた広田湾でも、回復計画を作り実行に移したいなら、そこの象徴的なものを絞り込むことである。出来るだけそこにしかないものがよい。

〈サンディエゴ〉

リゾート地にある研究施設

サンディエゴの郊外にラホヤ（スペイン語で宝石の意味）という人口四万二千人のリゾート地に、研究学園都市がある。ここは高級住宅街、高級レストランや宝石店などもあり、サーフィン、水泳やダイビングなどのマリン・スポーツも盛んである。大衆的なメキシコ料理やシーフードレストランも多い。

二〇一四年の五月に久しぶりに米国政府海洋大気庁（NOAA）の南西漁業科学センター（研究所）【写真11】があるラホヤを訪ねた。

米国南西漁業科学研究所。手前が旧研究所と奥が新研究所。（2014 年 5 月著者撮影）

私はこのラホヤの街が大好きだった。おとぎ話に出てくるような海辺の街で、私はここに白い壁と赤青黄色の壁がきれいな街との印象を持っていた。この街を私が最初に訪れたのは一九八六年の秋のことである。日本の母船式サケマス漁業の船団が　米国の二〇〇海里内のアリューシャン列島沖で操業しており、そこに入域して操業するためには米国の海産動物保護法に基づくイルカやオットセイの混獲許可証が必要であった。この許可証を取るためには米国商務省の行政裁判所で証言し商務省から許可を得なければならない。その証言の事前の準備を行うのが目的でラホヤを訪問した。

その後も水産庁時代には捕鯨やマグロの件でこの研究所を何度か訪問し、

米国国際捕鯨委員会次席代表のティルマン博士、鯨類科学者でＩＷＣ科学委員会議長のライリー博士やマグロ研究者の日系のサカガワ博士とよく対談した。

恵まれた環境と研究施設

南西漁業科学研究所（Southwest fishery science center）が海岸の断崖絶壁の真上に立っていた。本当に景色が良い。こんな環境ならさぞかし、研究も捗ると思ったものである。

海沿いのレストランで、シーフードを良く堪能した。しかし二〇一四年五月に訪れたときには、私が良く通ったレストランはもう既になかった。二〇年も前のことである。街の雰囲気も変わっていた。

南西漁業科学研究所は、米国政府海洋大気庁の研究機関の一部門であるが、この機関の研究対象は、カリフォルニア海流の水系、陸地から流入する水系、それに東部太平洋と南南極海の資源を対象とする。もともとこの研究機関は一九一四年にカリフォルニア沖のマイワシとマグロ類の研究のために設立されたが、現在では幅広い研究が行われており、持続的水産資源の利用のための研究助言を与える。このため、生物学者、海洋学者、海洋エンジニア、資源モデルの専門家らが多数いる。

浸食を避け海から後退し建設

新研究所は、ラホヤ湾の形状に適合するように建設されており、二〇一三年の八月二七日に開所式が行われた。旧研究所はラホヤ湾の断崖絶壁の上に位置していた。長年の波浪による浸食で崖が削り取られてしまったからである。日本であれば、消波ブロックなどを入れて海洋の浸食を防ぐのが一般的であるが、米国の場合は、浸食という自然の力には逆らわず、浸食で建物の存在が危うくなれば、建物を後ろに後退させる方法を取り、人間を自然に調和させる。新しい南西漁業科学研究所の建設はその典型的なケースであった。

新研究所は海岸から少し離れたところに建設された。しかし建物は、自然の景観を阻害しないように、ラホヤ湾と調和するように造られている。全体の面積は一二万四千ft²で、七つの研究機関が入り、合計で二七五名の研究者や事務局員が働く。また巨大な水槽も設置され、水圧実験が各種出来るようになっている。

この研究機関の敷地に隣接して、世界的に有名なカリフォルニア大学サンディエゴ校のスクリプス・海洋研究所がある。これに比べ、日本の水産研究所は海の研究が身近に行えるところに立地していない。水産総合研究センターの本部などは横浜のみなとみらいの研究とはほど遠いところに立地する。米国東海岸のウッズホール海洋研究所もそうであるが、良好な研究施設と環境と優秀な数多くの研究者に恵まれれば米国政府の水産・海洋行政もうまくいくであろう。本当にうらやましい限りである。

〈シアトル〉

一九九〇年代から進む海岸域の環境修復《ミチゲーション》

二〇一八年六月シアトル・タコマ港湾局は米国政府海洋大気庁（NOAA：National Oceanic and Atmospheric Administration）と協力しつつ一九九〇年代からシアトル・エリオット湾の環境生態系修復事業を行っている。

シアトル港湾当局によればシアトル市の工業化地帯は、一八五〇年代には全くの湿地・泥地、干潟であった。それが一九〇五年から湿地帯とデュワーミシュ川が蛇行して流れる流域地帯を埋め立て工業地帯にし、一九五〇

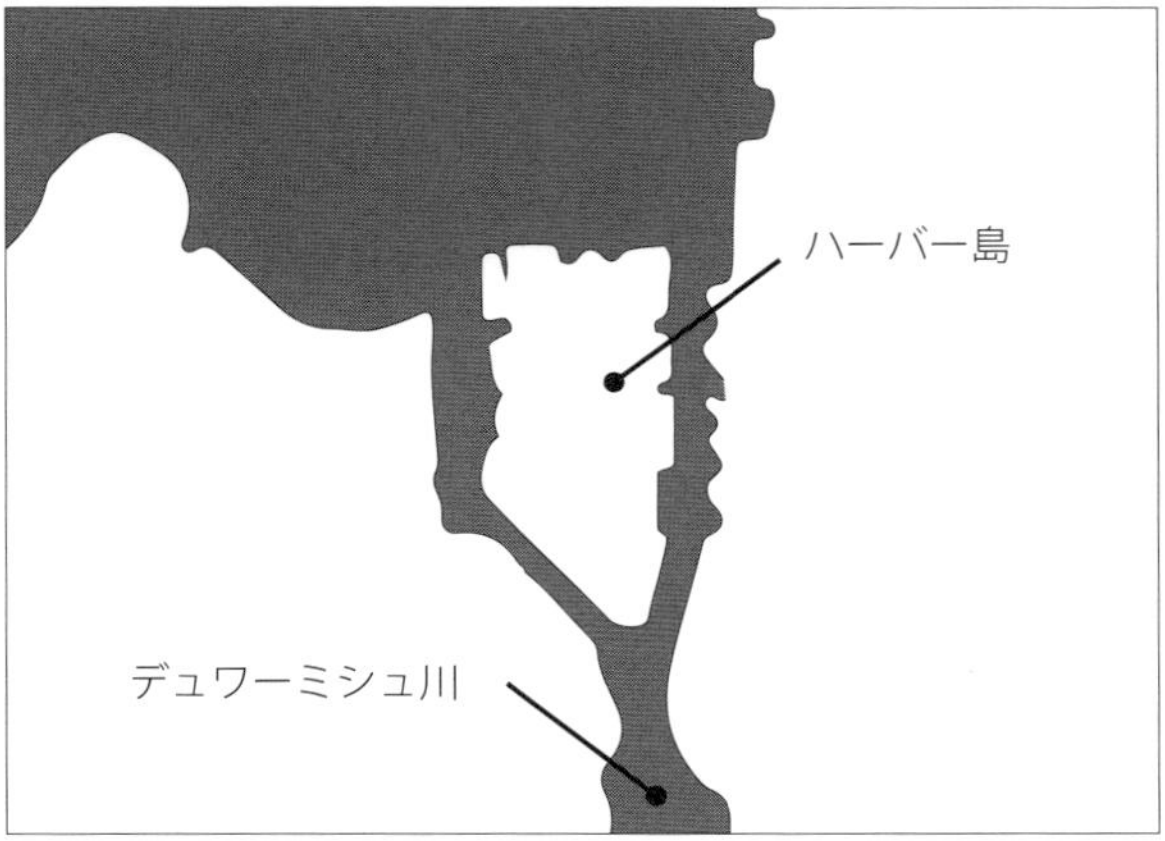

年までには約二二二〇haの広大な工業地帯を造成した。シアトル地区の工業地帯の約九八%を占める巨大な埋め立て島ハーバー島と西側の工業用地ターミナル五地区が造成された。東西側には東水流と西水流が造られて、一九マイルの上流まで続くデュワーミシュ川に続く航路になっている。ここは一五〇〇万tの貨物を年間に取り扱う。取扱金額は約五兆円（四五〇億ドル）でこの地帯の雇用だけでも七万五千家族分に及ぶ。

一方で一五〇年間に自然生態系の九八%を失い、マスノスケ、ギンサケ、シロザケ、ピンクとスチールヘッドの漁獲と資源量が九〇%以上失われ現在では絶滅の危惧種保護法で一九九九年にはマスノスケとブル・トラウトが脅威種に指定され、二〇〇七年にはスチールヘッドも追加された。

一九九〇年代には米国各地で環境・生態系の修復・回復への関心が高まる。ボーイング社の本社（現本社はシカゴ）がハーバー島からシアトル郊

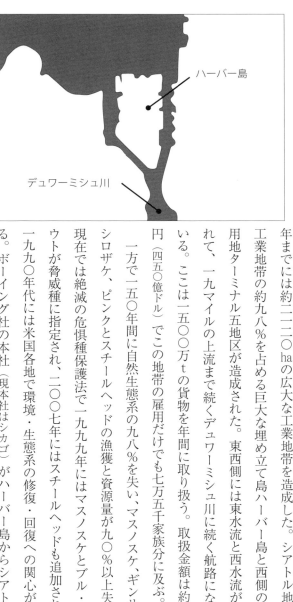

外に移動し、各種の環境保護法が成立した効果もあって、デュワーミシュ川とターミナル五地区の環境・生態系修復が始まった。

造成工事には同等以上の環境修復が必要

きっかけは、物資陸揚の効率を上げる追加工事を決定したことである。米国連邦法では工事を実施する際にはそれと同等の規模以上の環境修復が要求される。そのために川の五・三㎞の内の特定地区（Turning Basin Number3）を「多様な生物生息場《ハビタット》回復地区」として特定しその修復を始めた。一九九五年から開始。不法に投棄された廃船の撤去から始め、次に汚染された土壌を刷新。（工業地帯は汚染地区として指定されて、魚は食べない、または食べる量を制限）。その後に二七〇〇ｔの土を入れ替えた。その後には、この造成した湿地帯の潮間帯に、そこに適する植物を移植した。そして一九九九年には潮間帯の植物と河川地帯に固有の植物が自然に繁殖を開始した。そうしていると魚類や野生生物が住み着いて、節足類などの無脊椎動物が植物に誘われて定着し、昆虫類と鳥類がそこに住み着いてきた。二〇〇八年には樹木の丈も高いのが生い茂り、かつ、野生生物がたくさん生息し潮も三ｍまで入るようになった。

河川はサケの回遊、遡上と生活に重要

デュワーミシュ川はサケの遡上する川として非常に重要であった。上流で産卵し、孵化後下流に下り、エ

リオット湾の干潟や湿地帯と湾の沿岸寄りで一〇日から一ヶ月間生息しそこで栄養を十分に補給してから外洋に向かう。したがってこの湿地帯や干潟浅瀬はサケの回遊と成長にとって重要である。一方で上流に回遊して産卵後死亡したサケはその地域の動物や鳥類の餌になる。そして孵化後のサケの栄養分ともなる。それによって海洋の栄養分を森林と河川地帯に提供する重要性を持っている。

〈イサクァ〉

サケマス孵化場を訪ねる

ピュージェット湾に注ぐサマミッシュ水系に属しシアトル市から西に約五〇kmのところの位置するイサクァ町のサケマス孵化場にダーリン・コンブ（Darin Combs）孵化場長とエリック・キーン（Eric Kinne）専門員を訪問した。

彼らによれば、ワシントン州のサケ資源の回帰も年変動があるが基本的には減少傾向にある。また人工の孵化と天然の採卵と孵化を比べれば天然はわずか五％程度で、残り九五％は人工の採卵と孵化放流に頼っている。近年は政府の予算の削減も著しく、本孵化場では所長のほか一五人が正規職員で、二〇人の職員は非正規職員で、更には孵化の時期には地元のボランティアに頼んでサケの捕獲と受精とを行い、これを貯蔵施設に入れた後に孵化を待つことも外部の力である。ボランティアに頼っている。予算減少もサケの回帰の減少の理由の一つである。孵化の対象種はギンザケとマスノスケであるが、どちらも放流の量は大したことがないが、主流は数百万尾放流のギンザケである。マスノスケの稚魚を放流してもカット・トラウト（サケの一種）

イサクァのサケ孵化場で、
コンブス所長（左）キーン専門員（右）と筆者。

に放流後直ぐに大量に食べられてしまう他にシアトル沖のピュージェット湾に繁殖したシャチとオットセイやトドにも大量に食べられる。最近ではピュージェット湾内のシャチの資源量が減少した。またトドとオットセイはコロンビア川のダムの前で構えて、サケを放流するのを待ち構え、直ちに食べてしまう。

日本のサケ減少は都市化と南限の問題

サケ回帰の減少は都市化による汚染も原因であると考えられるが、日本の本州のサケの回帰減少は、サケ回遊と生息の南限に起こる問題ではないかと思う。西海岸ではカリフォルニア州と並んで、サケ回遊の南限であるオレゴン州立研究所で国際的な協力も含めて研究している研究者がいる。各国のシロザケの回遊分布を調査して、どこでだれに捕獲されているのか、シロザケにＤＮＡマーカー標識をつけて、その結果から分析をすることも適切な手段であろう。日本系シロザケは、アリューシャン列島フォールスパス（False Pass：ウニマック氏とアラスカ半島の間の海峡。海峡の幅が狭いことから漁獲が容易である）を通過することが知られており、米国の漁業者に捕獲されていることも分かっている。

効果が薄い人工孵化より自然産卵へ

ワシントン大学植物生態学・エドウィング教授とフィドレイ教授は「ワシントン州では、シロザケ、マスノスケ、ギンザケとベニザケなど四種類のサケが絶滅の危惧種保護法で絶滅種として登録され保護されている」と語る。一九七〇年代の環境の汚染が深刻だった頃に水質汚染防止法が出来て、水質保護も義務づけられている。

サケマスに関しては人工的な孵化は効果が薄いと考えられ、天然の産卵の場を強化することが効果的で、そのためには通常の河川の流量を増やすことが重要である。増やせば増水分が河川床に潜り込み、また再度河川床から湧き出る。また、河川のわきに植物を植えて水の滞留をよくすることによって、サケだけでなくアユの産卵場も十分確保される。気仙川等の日本の河川では、サケの産卵行動がアユの産卵場を奪う。天然産卵のためのサケの遡上を反対する場合もある。こうした河川の取り組みは、サケとアユの共存にもつながるものである。

サケ漁業はアラスカ州政府管理

州政府にとって最も重要な魚種はベニザケ、シロザケ、ギンザケ、マスノスケとカラフトマスなどのサケである。サケ漁業は漁業許可制度の規制で行っている。一般的な漁獲総量規制ではなく産卵親魚量を確保する規制を行っている。

アラスカ州では「海洋水産資源は州の財産」であると州法に規定されている。サケ、マス、カニなどの大陸棚資源を巡る論争の中で決められたものだ。この州法では、個人の漁業者がサケ、マスを捕獲するためのワナ漁法を禁止している。これを「特定の漁業者個人のサケの所有を禁止した」と拡大解釈され、現在に至っている。

したがって、サケには、連邦政府と共同管理してすでに一九九五年からＩＦＱ（個別漁獲割り当て制度）が導入されているオヒョウ《ハリバット》やギンダラとは異なり、漁獲可能量（TAC：Total Allowable Catch）など漁獲総量などの規制はない。

天然河川での自然産卵による資源の再生産が主体

代わって将来の回遊資源を確保するための「自然産卵孵化を天然河川で行うエスケープメント（自然産卵孵化）」が再生産方針の柱である。産卵親魚をどのくらい確保するか、すなわち回帰率が低いときには、自然産卵孵化量を多くし、加えて次に人工孵化用産卵親魚を捕獲する漁業での捕獲量を増加する方針である。

「エスケープメント」と「孵化場での人工孵化のための親魚量の確保量」から残った数量を商業漁獲に割り当てる。サケマスの回帰量は年によって大きく変動する。エスケープメントは、河川ごとの変動も大きいしベーリング海のブリストル湾と南東部アラスカでは、魚種の数と回帰量も大きく異なることなどに対応した漁業管理方式である。

最近は「自然産卵孵化」と「人工産卵孵化」の割合は七対三程度で「自然産卵孵化」が、その割合を多く占めている。

シロザケの回帰量が「人工産卵孵化」によって二〇年程度増加したが、最近では増加の効果が減少気味である。孵化放流の量は拡大しているが、アラスカ州では「自然孵化」が再生産の主流であることは変わらない。

孵化量はブリストル湾地区ではベニザケが主体で、南東部アラスカではギンザケとシロザケが主体となっている。また、孵化放流は、回帰の時期の早いカラフトマスや回帰の遅いシロザケを組み合わせて、漁業者がサケ漁業に従事する時間期間を多く長くする戦略を取っている。

〈ジュノー〉

養殖業の禁止

ノルウェー、チリ産のサケが世界市場を席巻し、アラスカ産の価格が暴落した経緯がある。アラスカでは養殖業は禁止となっている。ワシントン州のシアトルでも、既存のもの以外のサケの養殖を禁止することを予定されている。二〇二六年には、カナダにおいても養殖が禁止されると伝えられている。ただしアラスカの固有種の養殖については行われる方向だ。アラスカでは例外的に日本のマガキ種の養殖がなされている。

アラスカ州ジュノーの観光案内兼サケマス孵化場。（2018 年 6 月）

〈カナダ〉

ブリティッシュコロンビア（British Columbia）州連邦政府

連邦政府漁業局サケマス担当ケン・ツェルケ（Ken Zielke）博士、マイク・ブランソン（Mike Branson）博士

森川海からなるブリティッシュコロンビア州にて、気仙川プロジェクトと同様な取り組みがあるかと考え会合をした。ツェルケ氏より「最近はカナダのカナダブリティッシュコロンビア州でも森川海の全体をとらえたプロジェクトがないため、気仙川・広田湾プロジェクトは全体を網羅した素晴らしい取り組みであると感じ、興味がある」と返事をいただいた。筆者から「ブリティッシュコロンビア州では、森林や水流域の管理が総合的に調整を取りながらやっているか」と問うと、「そうはなっていない」と言う。

理由としては、水源の確保、木材の切り出しと石油開発や鉱山の採掘などに関して個別の法律があり、それぞれが別個に動き、総合・統一的な動きがないことがであろう。ブリティッシュコロンビア州法には、水持続法と水系管理法があるが、それぞれが有効に機能しているとは思えない。以前の水持続法は地下水を対象としていなかったが、最近の法律は地下水も対象にしている。土地・森林は連邦政府に依っているが、管理の実務は州が行っている。ちなみに米国の場合は、連邦政府が管理する土地はカナダほど多くはない。しかし米国の方が統一が取れた管理がなされているとみられる。ブリティッシュコロンビア州はその森林の九〇％が原生林針葉樹で占められ、伐採すると、そこに植林することが義務付けられている。近年、木材産業が停滞し、森林保護の観点も薄くなってきている。ＢＣ州に隣接するアルバータ州には大きな油田があり、ブリティッシュコロンビア州内の森林地帯を通

るパイプラインを引き西海岸から輸出する構想がある。アルバータ州からスキーナ（Skeena）川を経てプリンス・ルパート（Prince Rupert）湾にまでパイプラインを伸ばし、タンカーで世界各国に輸出する計画もある。湾も森林地帯もパイプラインによる破壊の影響を受けるため反対意見が強く、既存ラインのアルバータ州からバンクーバーまでのラインを拡大することが現実的ではないかと考える。

水と土地に関するフィールド調査は、バンクーバー島西岸のカーネーション川（Carnation Creek）で行われている。厳密には海まで含んだ対応・研究にはなっていないが、担当者であるペーター・チャイプリンスキー（Peter Tschaplinski）氏は気仙川・広田湾プロジェクトに興味を持つのではないか。また、米国のオリンピア半島のエルワ川（Elwha）の流域でもフィールド調査が行われているので参考になるだろう。広田湾付近の地質は火山岩か、また氷河期に形成されたものかという質問があった。ノルウェーのフィヨルドほどの大氷河ではないが、スペイン・ガリシア地方が小規模の氷河でリアス式を海岸を形成したことを思えば、広田湾も氷河によるものと思うと答えた。北上山地では地質が大きく異なるラインが通り、これを機会に地質についても調べたい。また、広田半島や、北海道の礼文島は河川がないが、豊かな湧水がある。ツェルケ氏は、ハワイ島も同様な形状であり、そこでの地質と湧水の関係の調査が森川海の関連を明確することに役立つ。

ブリティッシュコロンビア大学（British Columbia University）森林センター・海洋漁業研究所

スコット・ハインチ（Scott Hinch）博士

森林センター、海洋漁業研究所のあるブリティッシュコロンビア大学を訪れ事情をうかがった。スコット・ハインチ博士より次のような話があった。「この分野では、全く森川と水調査のための資金が得られなくなり、不本意ながら、自分のポストを支え、また、博士課程の学生も維持しなければならず、近年は漁業の混獲や養殖業の研究にシフトしている。オーストラリア州でも最近は基礎研究から、応用研究の分野にファンドが移行していると理解している。「気仙川・広田湾プロジェクト」はサケマスの要素も、放射能、社会経済的な要素もある。二〇一九年には国際遡河性魚類漁業委員会が中心となり、国際サケ年の催しを開催する予定である。同大学の海洋漁業研究所（Institute for the Oceans and Fisheries）のジョージ・イワマ（George Iwama）客員教授が担当である」。イワマ客員教授が不在であった。ロシア人で海洋漁業研究所所長のポゴモフ教授と話したが、専門でないことから、サケマスの日本による戦後の沖取りに関して若干の会話をした。

減少する北米のサケマス

南部・都市化が進んだ米国各地でもサケマス減少

ワシントン州やオレゴン州では人工的な都市化の影響でサケの回帰が少なくなった。アラスカ州では、最近二〇〜三〇年程度シロザケやベニザケとマス孵化放流尾数を増加させたことによって回帰量の増加がみられる。しかし最近シロザケは減少傾向に入った。新たな孵化場を設けると、設置された数年は増加するがすぐに減少傾向に入る。北太平洋全体のサケの生産、生育の上限があるのではないか。ロシアでシロザケの孵化放流量を増加したら、アラスカのシロザケが減った。二〇一一年の日本の津波後にアラスカのシロザケの回帰量が増加した。これは海域の生産量に限界があるからではないか。南のオレゴン州やカリフォルニア州では回帰が少なくなっている。アラスカ州では、沿岸域の海洋環境をいかに良好に維持するかが、孵化放流後の生残と回帰を大きく作用する。放流前一年間良好な環境で生息すれば、生残率は高くなる。

一ヶ所につき一つの遺伝子系統からなることはないし、最近では人工的な遺伝子の交わりもみられる。系統群によって強いところと弱いところがある。フレーザー川やコロンビア川の水系生まれのベニザケは弱く資源が減少している。一方ブリストル湾生まれのベニザケは強くて、資源量も増加・安定している。ブリストル湾には、あまり河川に遡上はしない。コロンビア川水系では、ベニザケは二年もかけて河川に遡上し資源が減少している。

北太平洋生産力の上限　ブリストル湾とロシアが増加、日本は減少

北太平洋に生産の上限があるとすれば、今後は、別系統のサケの回遊を知ることが重要となる。最近のロシアと米国の孵化放流量と回帰量が増加したため、逆に日本の回帰量の減少に結びついている可能性は高い。一方で最近北太平洋のＢｌｏｂ（水塊）が出来たとの報告がなされている。サケマスの回帰が阻まれて遡上が減少した可能性もあるし、サンマなど他の魚種の減少に影響した可能性も否定出来ない（アラスカ大学水産科学研究センターのクリドル博士とヘイゲンＮＯＡＡオークベイ研究所次長）。

海外研究機関に学ぶ
国連機関

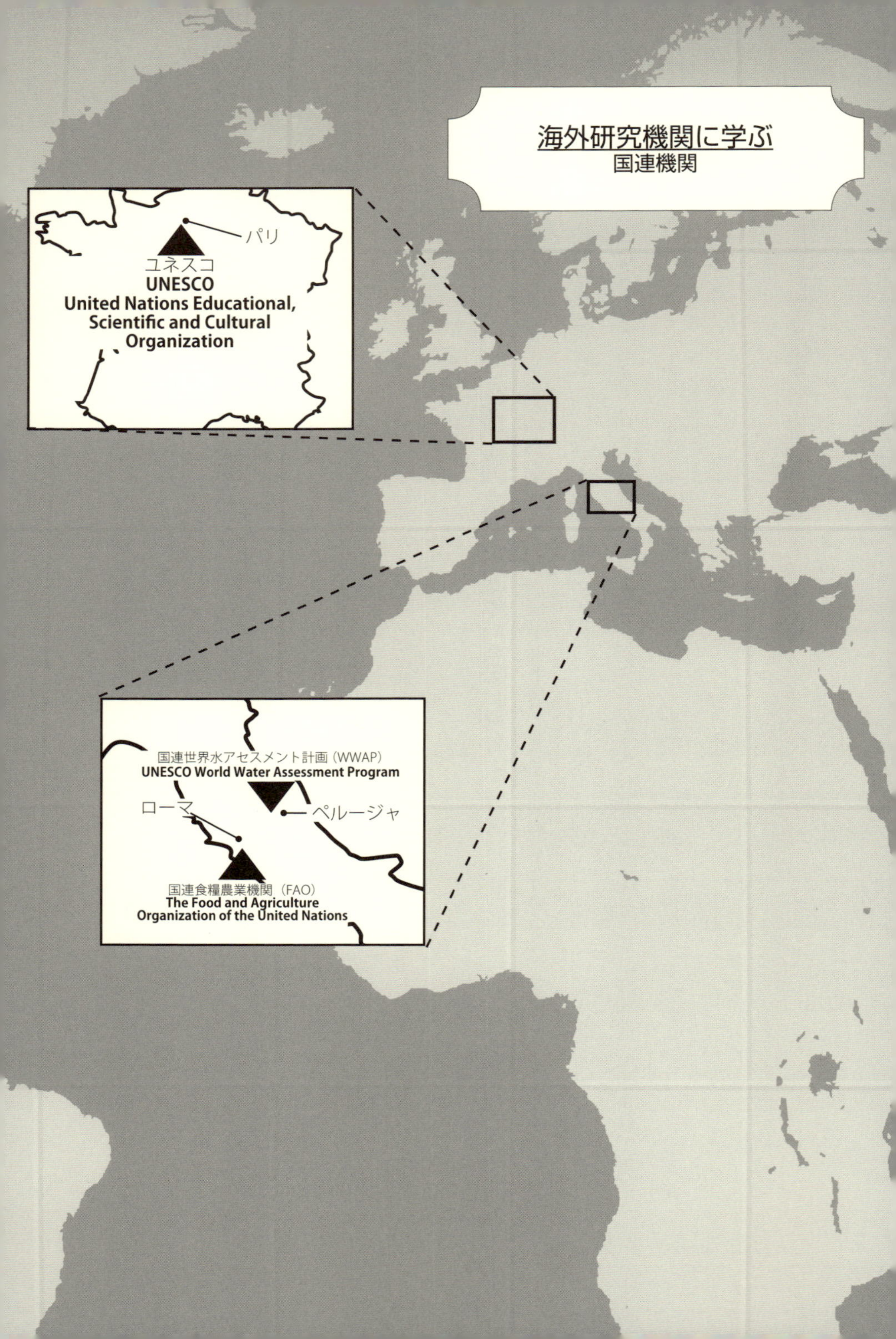

〈ユネスコ（UNESCO：United Nations Educational, Scientific and Cultural Organization）〉

本部　水資源管理部

ジュセッペ・アルデューノ（Giuseppe Arduino）氏

二〇一九年二月に、水資源管理並びに海洋生態系への影響調査に関して、どこまで把握し対策を講じているのかをユネスコ本部水資源管理部に伺った。

ユネスコ本部正面のジャコメッティの彫刻の前で。

最近はますます、陸上と海洋の生態系の悪化が進んでいる。そのために水産の資源管理と養殖の適正化も、これらの生態系の改善がなければ進まない。そのような観点から生まれ故郷の陸前高田市でも森、川と海と人による農業、林業の海洋と水産業への影響の調査を行っているので、この二つを今後どのように進めたらよいかの助言を得たい。

筆者らが行っている「森川海と人プロジェクト」の実施エリアは、二〇一一年の津波に襲われて、大きな被害が出たが、その後の人工的な手法に依存する大堤防の建設工事と八mの陸前高田市街地の嵩上げ工事が進んでいる。沿岸域、湿地帯と、そこに土砂を持ってくるための森林の伐採が進行し、陸上の生態系の破壊が海洋への生態系に悪影響を及ぼしている。

これに対して、アルデューノ氏は、ユネスコも自然と水資源管理に関する研究を調査・支援活動を行っており、この分野の重要なものは状況のモニターとデータである、と言う。

ユネスコの分析によると「一〇億人もが安全な水へのアクセスを持てないでいる。農業が水資源の多くのストレス（悪影響）を与えている。世界の七〇％もの水が農業用に使用されている（日本でも六〇～七〇％で同様である）。これらの使用を大きく削減することで、農業の悪影響を改善することが出来る。また、地球は過去の一〇〇年間で七〇％の湿地帯を失った。これは経済活動にも、社会的かつ環境に対しても悪影響を及ぼしている。このようなことからＳＤＧｓ（水資源の管理）の実現を目指すべきだが、基本的には現状のモニターやデータの収集が必要である。

これには専門家の他、市民サイエンテスト（民間にいる科学者）の活動もある。いずれにしても人材と資金の調達が重要であると述べた。ユネスコ専門知識を提供するために、日本に行くなどはコストがかかるが、その代わり、日本にも水理・水文学の専門家や、研究の中心があるので、それらの専門家や組織を紹介してもらうと、京都大学大学院工学研究科の立川康人教授、同大学院総合生存館（思修館）寶馨教授、水災害・リスクマネジメント国際センター（ＩＣＨＡＲＭ：International Centre for Water Hazard and Risk Management）所長の小池俊雄先生の名を挙げられた。

国連世界水アセスメント計画ＷＷＡＰ（UNESCO World Water Assessment Program）ペルージャ研究所

ステファン・ウーラブルック（Stefan Uhlenbrook）所長

二〇一九年二月一二日と一三日、ユネスコのＷＷＡＰ研究所を訪問した。水資源の管理と生態系他への影響に関して、同研究所設立の経緯と事業並びに最近の展開に関して、ステファン・ウーラブルック所長に聴取し、意見交換をした。

ユネスコが水資源の管理に取り組むようになったのは、事務局長に日本人の松浦晃一郎氏が就任（一九九九年一一月～二〇〇九年一一月の二期一〇年）した以来であって、彼がイニシアチブを発揮してＷＷＡＰ（World Water Assessment Programme）を開始して、水問題の解決を通じて、世界の紛争の解決に貢献することが目的であった。

そして日本の信託基金でＷＷＡＰ研究所が二〇〇二年から運営されてきたが、その基盤を強化するためには複数のドナーからの資金が提供が必要であった。

二〇〇〇～二〇〇六年までの六年間は日本の支援があったが、その後は資金の不安定になった。そこで二〇〇六年からはイタリアがＷＷＡＰをイタリアの国内に設置することを条件として、ＷＷＡＰへの財政的な支援を決定した。イタリア政府の担当大臣と親しいペルージャ大学教授がいたことから、この地に設置されたといわれている。

ペルージャの WWAP 事務局長ウーラブルック氏と共に。

ＷＷＡＰの施設はペルージャ大学の所有物であり、賃貸料の支払いは発生しない。

ＷＷＡＰの設立目的はユネスコ、ＩＬＯ、ＷＨＯ、ＦＡＯやＵＮＥＰなどの三一に及ぶ国際機関の水資源関係の事業・研究（ケーススタディなどを含む）を調整するという大役を担うためである。そのために世界水資源開発報告（WWDR：World Water Development Report）を作成し、そしてＷＷＡＰは世界の政治的なリーダーに対して、水資源を取り巻く諸問題について、状況を簡潔に説明し、その理解を得て、適切な行動を促す。

私が関心を持つ生態系や自然との関係並びに農業・林業・漁業との関係も重要な事業分野であり、各年のＷＷＤＲでそれらを取り扱っているし、ＦＡＯがその取り組みに力を入れている。

ＷＷＡＰが中心となって、国連総会や関係する機会ごとに、各国の大使や関係者に、プレゼンテーションを行っておりＦＡＯの水資源部長も一緒に出席したこともある。

現在、ＷＷＡＰの職員は専門家が五名程度でサポートの職員を入れて一四名程度であるが、ここで学びたいという若い学部の学生と大学院の学生を数名受け入れている。その際に宿泊が可能であるが、このような会議の運営はホテルの方が慣れており、ホテルを会場にした実施した方が効果的である。

また、年に何回かのセミナーやワークショップの開催も行っている。

問題は、今後事業を展開していくうえで、イタリア以外のドナーが見当たらないことである。日本も初期の拠出を行って以来、最近では財政支援が殆どなくなった。

昨年二月に、これまでの日本の活動と協力（筑波大学、京都大学や国連大学など）にも言及しつつ、今後の問題である環境への悪影響や非持続的な開発への対応の必要性とこのままではＳＤＧｓの二〇三〇年までの目標の達成も困難である、と話した。

それを解決するためのマルチ・ドナーの支援（特に頼れるドナー）、資金の提供を要請する書簡をパリのユネスコ日本常駐代表部の大使に送ったところであるが、一年を経ても何らの回答がない状況である。

ＷＷＡＰの報告書はケーススタディーを盛り込むことを重視している。その中で「森川海と人プロジェクト」に近い自然と生態系を活用した水資源管理の例もあるが、残念ながら日本でのケースがない。日本のケースであるのは「東日本大震災後の水力発電の重要性」というものである。

このように、世界的には水資源と自然・生態系の問題は、ますます重要で、国際機関での取り組みも活発化する方向であるものの、日本の国内における理解と認識の問題がある。

〈国連食糧農業機関（ＦＡＯ：The Food and Agriculture Organization of the United Nations）〉

二〇一六年七月、二〇一九年二月に、国連機関として「森川海と人」の取り組みを聞きたくＦＡＯを訪れた。

FAO林業局
エリーン・スプリングゲイ（Elaine Springgay）林業官
■二〇一六年

国連食糧農業機関（FAO）外観。

ＦＡＯ自体のフィールドでの取り組みは少ないが、各研究機関と大学の研究で推進している。熱心なのがオーストラリアやカナダであり、森林と畜産業がどのように海洋や珊瑚礁に影響を及ぼしているかを長年かけて調査している。また、サケは海と川にもたらす栄養が陸地にも影響するので、大変良い研究素材である。これはカナダのブリティッシュコロンビア州で研究がなされている。特にブリティッシュコロンビア大学のスコット・ハインチ（Scott Hinch）博士、バンクーバーに拠点があるブリティッシュコロンビア州政府のケン・ツェルケ（Ken Zeilke）博士などが熱心である、という。

気仙川・広田湾の研究調査は、現場に基づいた、基本情報を総合的、包括的に収集するものでありフィールド主義の貴重な調査研究であると思う。世界に例のない震災や津波を組み合わせている稀なもので、私も機会があればぜひ参加してみたい。ＦＡＯには、土地水と森林に関するネットワークがある。世界中で行われている様々な研究活動をＦＡＯに伝えていただくことでネットワークを構築している。

是非、気仙川・広田湾の研究もそれに加わっていただき、われわれに情報の提供をお願いしたい。このことにより、土地と水と森林の関係の調査について世界中におけるストック（情報蓄積）を図り、その後の研究調査や政策策定に役立てることが大切である。

カナダで多いのは針葉樹であり、広葉樹での研究は聞かないが、カナダ政府やブリティッシュコロンビア大学に研究実績があるかもしれない。また、地下水流や伏流水について、世界的になされた研究調査は知らない。しかし河川の近くでは殆ど、地下水流も河川水と同じと考えてもよいのではないか。流れのスピードが河川の表面と地下水は明らかに異なり、栄養の成分なども異なろう。

■二〇一九年

二〇一六年にＦＡＯ来訪した折には同林業官からカナダ政府、ブリティッシュコロンビア大学の森林・林業と河川に遡上するサケの専門家のケン・ツェルケ博士とマイク・ブランソン博士を紹介いただいた。彼らから森川と海の関係と研究の仕方や方針について、非常に有益な助言を受けた。

しかしながら他方でカナダ国内の経済情勢の変化で、エネルギー資源は活発な研究が行われているが、森林と河川サケに関する研究が下火になっているとの残念な話であった。我々の「森川海と人プロジェクト」

のように陸上生態系、海洋生態系と漁業資源・養殖の管理を一つの流水域で、簡潔型で実行しているプロジェクトは、非常に稀で有益であるとの高い評価を得た。

日本の沿岸漁業と養殖業は衰退の一途である。これは、漁業のやり方、水産資源の管理の誤りからだけではない。陸上と海洋、沿岸域に広がる生態系の劣化と破壊によるもと思われる。

我が国の二〇〇海里内は過去三〇年間で六五〇万tの漁獲量を失ったが、漁業資源管理を科学的根拠に基づくものとして、また、閉鎖的な我が国の沿岸域の養殖業を新規の投資家に開放しても、都合三〇〇万tの漁獲増を望めばせいぜいである。

国連食糧農業機関（FAO）内観。

劣化と破壊の影響は、つぎのように考える。湿地帯、砂洲、汽水域、藻場と干潟が埋め立てられ破壊される。この破壊によって、海洋生物における「生物の基礎生産」に必要な代謝が起こらなくなる。また干潟に代表されるように海水の浄化作用を持つこうした場所の破壊は、酸素の供給を低減させること、また産卵、稚魚の成育場所を奪うことになっている。

また、森林のある上流域でも淡水の供給が重要であるが、諸開発と広葉樹から針葉樹への植林とその後の放置、森林内に建設された養鶏場や養豚場の排水や排泄物の処理が良質な淡水を劣化させ、飲料水としてや健全な河川生態系を維持することが不可能となっている。その結果、海洋に流入する河川水や伏流水と湧水の量と質に大きな変化が、この三〇年間で、人類学的調査と統計調査によって明らかになっている。また、最近の漁業・養殖業の生産量が次第に減少していることから、その影響は沿岸域の劣化とあいまっての原因となっていると推定される。このような推定を、可能なところから科学的、体験的かつ人類学的証拠の提供によって、検証し、また、劣化する現在の傾向を反転させえる改善策についても、何らかの提言を提供したいと考える。

生態系の劣化と破壊の現象は、我々が実施している「森川海と人プロジェクト」を陸前高田市と住田町の気仙川の分水嶺域では、更に二〇一一年の東日本大震災後の復旧工事で拍車がかかっている。すなわち大堤防が建設され湿地帯、汽水域、湖沼と砂州、藻場と干潟を失っている。漁業生産に悪影響を及ぼす要因が、人為的に作られた。FAOは、森川と海の自然の持つ回復力を活用した、農業生産、林業と水産業の振興を、水資源を有する水分水嶺を包括的に管理し活用することによって、振興するプロジェクトを世界でいくつか実施していると考えるが、それらのプロジェクトの経験に基づいて、ご教示を賜りたいと述べた。

二〇一六年に来訪以来、アジアとアフリカ並びに中央アジアなどの一二件のプロジェクトを実施した結果をまとめた出版物『Watershed Management in Action』（FAO林業局刊二〇一七年）をまとめた。

これは分水領域管理（Watershed Management）地区の上流部のプロジェクトが比較的多いが、幾つかの貴重な経験が綴られている。

重要なことは「社会的、経済的と環境の観点」のバランスさせることで具体的には、次の五点である。

① 資源利用の効率を改善すること
② 自然資源と生態系を適切に管理すること
③ 地域の生活と社会福祉を向上すること
④ 住民と生態系の耐久性（Resilience）を高めること
⑤ 執行体制のガバナンス、革新性と効率を高めることが重要である。

これらプロジェクトを検討して分かることは、地域性や住民などの環境によってプロジェクトは異なり、重要なことはそれぞれに適切な手法を探し出すことである。また、評価する手法と指標をそのプロジェクトの特殊性・地域性から見出して、それに基づいて評価することが大切である。更に重要なことは、分水領域の管理は多分野にわたる知識と経験と専門的な視点が必要であり、それらの異なる専門分野をいかにつないで行くかである。また、プロジェクトの参加者である住民もより多くの分野の方々の参加を望めればそれが、好ましい結果をもたらす。そのような他分野の専門性（マルチデシプリナリー観点）から、検討を加え、事業を実施し、その成功例を多く集めて、それぞれの国のレベルの政策に陸海の生態系や水資源管理の要素を入れていくことが、今後ますます重要となるが、現在では、どの国も国政レベルでこれらの多方面にわたる取り組みを政策的に実現しているところはない。だからこそ国連が二〇一五年に一七の行動計画としてのＳＤＧｓを採択したのであった。国連レベルでは、これが非常に重要な課題であると認識されている。

FAO漁業・養殖業局
ジャクリーン・アルダー（Jacqueline Alder）海洋性生態系担当官

■二〇一六年

「森川海と人プロジェクト」に関する意見交換を行った。

①「気仙川・広田湾総合基本調査」は、森海川と人の関係の基本を解明しようとするもので、自然豊かな田舎には、この自然を活用する産業・研究などが必要である。また、「陸前高田」は一三〇年間に三度の大津波に襲われ、この経験が地質学に、また防災の資源となる。このような海山水を通じた活用と研究を進めているが、更に推進したい。そのためのＦＡＯの専門性に期待したい。

②ＦＡＯが行っているのは「青の成長（Blue Growth）」プロジェクトにおける『水と森林への戦略的計画Ⅱ（Strategic Planning Ⅱ for Water and Forest）』であり、これは水と人のパートナーシップを繋ぐもので、二〇〇三年に「カナダのブリテッシュコロンビア州のサケと水の関係」の論文が発表された。「青の成長」のイニシアチブでは水と人間のパートナーシップが重要との考え方で、漁業・資源の管理や養殖業も、自然との間で譲歩・調和を強いられる。また、資源を有効に使うとの考えや水・二酸化炭素などの排出のフットプリントの考えも反映される。

実際にこれらの取り組みに熱心な国はオーストラリア、オランダとＥＵであり、アフリカのカーボ・ベルデやセイシェルでも実際の取り組みが行われ、支援しているのがＥＵとアフリカ開発銀行である。

■二〇一九年

ＦＡＯ水産局が目指すプロジェクト「青の成長（Blue Growth）」への考えを伺った。海洋生態系の保全と維持活用に関するプロジェクトは世界各地で実施している。カリブ海諸国、アフリカの東西海岸とアジアのスリランカ、バングラデッシュとインドネシア並びにフィリピンにかけて実施している。日本ではプロジェクトは実施していないし、協力を呼び掛けても反応がなく、日本に期待するところは何もない。「ブルー・グロース（Blue Growth：成長）」の重要な要素は三つの柱から成り立っており、それは「ブルー・コミュニティ（Blue Communities：社会）」、「ブルー・プロダクション（Blue Production：環境と生産）」、並びに「ブルー・トレード（Blue Trade：経済）」である。これらの三つのそれぞれバランスが取れて、持続可能な社会と生産が成り立つものと考える。

① 違法・無報告・無規制に行われているＩＵＵ（Illegal, Unreported and Unregulated）漁業対策、所有権に基づく資源の管理並びに寄港国の責任としての適切な対応の実施は全て海洋の持続的維持と利用に貢献するとの理解で、これらの対策もブルー・グロースの中には当然に含まれる。

② 陸前高田の防潮堤の建設や嵩上げ工事とそのための森林伐採と土砂の採掘は、世界的にみれば全くあってはならない考えられないことであり、これらが環境評価もなく行われたことも信じがたいと述べるところがあった。

FAO農業消費者保護局と気候生物多様性・土地資源・水資源局

アブラム・J・ビックスラー（Abram J.Bicksler）農業消費者保護局植物生産保護部農業官

サッシャ・コー・オオシマ（Sasha Koo-Oshima）土地資源水資源局上席専門官

水資源管理と陸海生態系の機能と生態系を活用しての防災機能の回復手法などについて意見交換をした。

日本の概要を、次の通り説明した。

①　我が国の漁業・養殖業は年間にわたり凋落の一途である。これは水産資源管理の失敗や我が国の漁業制度が、旧式で時代の要請についていけないところもあるが、最近では急速に人為的な要因で陸上と海洋生態系が変化・劣化し海洋の生産力が低下していることが原因とみられる。その一因として農業からの過剰栄養・肥料・農薬と糞尿の流出と荒廃した土壌の海洋への流入があげられるのと指摘がある。

②　これまでも米国チェサピーク湾、オーストラリア州のグレートバリアリーフ海洋公園研究所やニュージーランド政府環境省や第一次産業省の政府機関・研究機関と現場を訪問してきて、農業・畜産業・酪農など陸上起源の問題と海洋の関係について知見を重ねてきた。

③　また、二〇一一年の東日本大震災の前から、自分の故郷の岩手県陸前高田市と住田町という一つの水流・分水嶺でカバーされる流域の森林と河川と海洋・閉鎖海を対象にした、陸と海の生態系の関係を調べるため地道に調査をし基本的なデータを収集、これらをもとにして、陸域と海域の関係を理解する調査研究に二〇一五年から着手した。二〇一九年で五年目に入る。この地域の問題は東日本大

震災と伴なう大津波で環境が破壊されたが、それはいわば自然の摂理ではあるが、その後に政府と岩手県が主体となった大規模な復興工事が行われ、現在もそれが続いている。それはコンクリートの建造物を作ることを中心としたいわゆるグレー・プロジェクト（Grey Project）であり、それによって海洋・沿岸の生態系が崩壊状態である。米国のスミソニアン環境研究所の論文では、堤防の前面の生物多様性と生物量が大幅に減少すると結論付けられている。これらのグレー・プロジェクトは単に防災のみが目的で、それも大災害は防げず、また年々コンクリートは劣化しかつ景観、産業と生活にも悪影響を与える。木材が売れないので森林を伐採しその下の土砂で八ｍも嵩上げした土地からの土壌の劣化も著しい。これらの工事は環境影響調査も経ないで行われた。これも先進国では例を見ない。

この結果、前章までに述べているように二〇一三年頃から広田湾での養殖物やウニやアワビの生産量も量が減少し、サケも来遊が大幅に減少した。また、養殖のカキやホタテはその質も低下している。また、も貝毒を蓄積しており、販売が出来ないなどの問題を抱えている。

④ 政府、建設工事の会社、住民の問題は、自然環境の有する・提供する生態系・自然サービスを正当に評価出来ずに、目の前の経済的効果にとらわれるトラップにはまったことではないか。すなわち、コンクリートづくりのグレー・プロジェクトは、そこに予算が投下され金銭で試算出来るが、その裏には破壊された生態系が存在する。生物多様性や森林が排出する酸素や清浄な飲料水には経済的

な価値があるはずであるが、これがGDPとして表示されないためにあたかもそれらを喪失しても問題がないかの如くの誤りを日本政府もふくめ日本全体で犯している。

ビックスラー農業官の指摘の通り、農業・畜産業も数々の問題を抱えている。昨今の食糧・農業生産システムは世界市場に対して大量の食糧を提供することには成功しているが、全ての人々に対して持続的な開発と農業の提供は出来ていない。過剰な肥料などの投入、極端なまでに集中した農業生産の結果には、森林の荒廃、土壌の劣化、水資源不足、生物多様性の喪失、温室効果ガスの放出など悪循環が生じている。

ＦＡＯが提唱している「農業生態学（Agroecology）」は、これらの問題に関して、将来の世代のニーズに適合する独特のアプローチを提供している。この農業生態学という概念は何も新しいものではないが、最近の地球温暖化やそれに付随した食料生産システムのチャレンジに関する問題の解決のために年々人々の関心を集めている。

農業生態学には一〇要素がある。簡単に言うとこれからの問題は単体では解決出来ないということである。各要素と各分野が協力し、対応に多様性を含み、お互いにコミュニケーションを図り、シナジー効果を上げるということが重要である。

それらの一〇要素とは、

① Diversity（多様性）：すなわち単に農業を実施するのではなく、農業―林業、森林―放牧、穀物生

産と畜産と水産養殖の多種の組み合わせが、社会経済学的栄養素と環境の問題への貢献をもたらす

② Commons（共同、共有）：共同での創造と知識の共有から多く展開や実施の在り方がうまれる。また、経験値と新科学との調和も生まれる。

③ Synergy（相乗効果）：多様性のある要素の組み合わせでシナジーを形成し、向上することが出来る。

④ Efficiency（効率化）：水、肥料、自然資源やエネルギーの使用を最適化することにより、外部からもたらす肥料・農薬などの節減で効率化が生まれる。

⑤ Recycling（循環）：自然の生態系を模倣することによって、栄養、生物量（Biomass）や水量を循環させ、削減することが出来る。

⑥ Resilience（再生力）：力強さの向上。多様な種を生産することにより、単一種に頼ることに比べ、生物学的にも経済的にも強い体質の産業とすることが出来る。

⑦ Value（価値）：人間的価値と社会的価値の向上。人間としての品位、尊厳、公平性（Equity と Jusitice）と社会に自分が所属している意識を有することが出来る。

⑧ Culture（文化と食の伝統）：食の安全保障と栄養に貢献する地域の食の遺産的・継承的文化に貢献する。

⑨ Governance（責任あるガバナンス）：自らが生産したものの透明性を維持する仕組み。

⑩ Circular（循環）：循環し強固な経済。生産者と消費者を結合させる。地域社会のマーケットを優先する。健康な食の提供への貢献が有用である。

このような一〇の要素は当然のことながら日本の水産業とそれに影響を及ぼしている農業と畜産業を含む陸上の諸活動にも当てはまると思う。それぞれの分野や個人個人の単独だけでなく、いろんな意味や形での協力関係が、今後はますます重要視され、それが解決のカギになると考える。

森林がどの程度の酸素を生産し、それが環境と人間社会に貢献しているかについては、酸素に着目した研究はない。しかし森林が二酸化炭素を吸収する効果に関する研究と定量的な分析はある。また、生物が活動すると二酸化窒素が排出されるが、それに関する研究もあるので、それを提供したい。

FAOの水産局、林業局、法務部と農業消費者保護局、土地資源水資源局の専門家職員と共に

また陸前高田市の海岸堤防の建設のような人工的なグレー・プロジェクトではなく、自然の力を使った方法が徐々に優勢を占めるようになってきた。それらは米国のＥＰＡ（環境保護省）もそれらの手法を使って防災に努めている。近年米国や欧州諸国ではそのような手法がむしろ一般化している。

【海外研究機関について】

Australian Institute of Marine Science
オーストラリア海洋科学研究所　AIMS

オーストラリア海洋科学研究所（AIMS）は熱帯海洋研究機関で、オーストラリアの海洋管理に関して大規模かつ長期的な世界レベルの研究を行い、政府、民間企業などが意思決定をする際に情報提供をしている。

AIMSは一九七二年に設立され、本部はタウンズビルから五〇㎞郊外にあるケープ・ファーガソンにある。また、ダーウィンとパースにもチャールズ・ダーウィン大学キャンパスに隣接したアラフラ・チモール海研究所（ATRF）とパースにある西オーストラリア大学キャンパス内のインド洋海洋研究センター（IOMRC）と施設を共用している。AIMSは、グレートバリアリーフを含む北部オーストラリアの海洋生態系の調査・研究を行ってきた。

AIMSは、設立以来、海洋生態系の変化をモニタリングしてきたが、これからの目標は、気候変動により影響を受けた海洋生態系の修復と最適な状態で保全、グレートバリアリーフ沖合のエネルギー資源、観光業、養殖業を持続可能な形で開発出来るよう、計画立案や意思決定のための情報を提供することである。

AIMSは、過去四〇年にわたり企業幹部、政策立案者、業界や地域社会にグレートバリアリーフの保全に関する情報を提供し、主要な問題に関して公平なアドバイスを行ってきた。漁業、沖合の石油・ガス採掘、ツーリズム、養殖などの関係者は、海洋資源の保護と持続可能な開発に関するAIMSのリサーチから恩恵を受けてきた。

AIMSはまた、四〇年以上にわたって世界で最も長い期間をかけて、最も包括的な熱帯海洋モニタリング・プログラムを開発してきた。モニタリングにより蓄積された情報を用いて、オーストラリアの海洋生物多様性を将来にわたって保護するためのリサーチが実施されている。AIMSの科学者はそれぞれの分野での世界的権威で、研究内容が国際的に称賛されている。

Great Barrier Reef Marine Park Authority
グレートバリアリーフ海洋公園局　ＧＢＲＭＰＡ

グレートバリアリーフ海洋公園局（ＧＢＲＭＰＡ）は、海洋公園の管理をするため一九七五年「グレートバリアリーフ海洋公園法」の下で設立した。海洋公園を管理し、開発することでオーストラリア国民ならびに世界のためにグレートバリアリーフを長期的に保全し、生態学的に持続可能な利用をし、理解し、楽しむことを主な成果としている。また、ここの生態系の健全性と生物多様性を保全・修復し、同リーフを保護し、海洋公園が生態学的に持続可能な形で利用され、現世代ならびに将来の世代に利することを目的としている。

ＧＢＲＭＰＡは、専門家やリーフ諮問委員会ならびに一二の地方海洋諮問委員会と連携し、科学情報を提供している。また、ＧＢＲＭＰＡの幹部に関しては、一人はクイーンズランド州政府が任命し、一人は先住民問題に知識を持つ先住民、もう一人は観光業の専門家で構成している。

ＧＢＲＭＰＡは、クイーンズランド州政府ならびにオーストラリア政府と連携して海洋のゾーニングをしている。また、許可証の発行、海洋管理に関するアドバイス、教育センターのグレートバリアリーフ水族館の運営をしている。本部はクイーンズランド州タウンズビルにあり、ケアンズに地域事務所がある。キャンベラに事務所があり、そこでは環境省ならびにオーストラリア政府機関ならびに大臣との連絡調整を担当している。

オーストラリア政府とクイーンズランド州政府は、合意により、グレートバリアリーフ海洋公園の長期的な管理のため協力をしている。海洋では、ＧＢＲＭＰＡとクイーンズランド州政府環境・科学省が共同で現場管理プログラムを実施している。

一九九九年から二〇〇四年にかけて、ＧＢＲＭＰＡは海洋公園のゾーニングのためのプログラムを開発した。同プログラムの主な目的は、生物の様々な生息地の「代表的な例」を挙げてグリーンゾーンと呼ばれる保護地域を増やし、グレートバリアリーフの生物多様性を守ることである。生物多様性保護を強化する一方、GBRMPAのもう一つの目的は海洋公園の使用者の利益を最大化し、ゾーニングの影響を最小化することで、この二つの目的は、科学情報のインプット、地域社会との関わり、イノベーションを包括するプログラムによって達成された。

リーフ二〇五〇計画

グレートバリアリーフを管理・保全する「リーフ二〇五〇計画」を実施するため、GBRMPAはオーストラリア政府ならびにクイーンズランド州政府機関、産業界ならびに地域社会と共に取り組んでいる。

この計画の統括モニタリング・報告プログラムは、「リーフ二〇五〇計画」の主要部分で、七つのテーマの下での目標達成について進捗を調べている。この計画には、リーフ・トラストを含み、同トラストのもとでオーストラリア政府と民間による資金で海岸線の生息物保全やグレートバリアリーフや集水域全体の水質改善に取り組んでいる。

GBRMPAのアウトルック・レポート（見通しに関する報告書）と戦略的評価は、リーフへの脅威や価値に焦点を当て、管理の際の優先分野を選定し、リーフ二〇五〇長期持続可能性計画へ情報提供している。

管理計画とリーフ・ブループリント

GBRMPAによる二五年管理計画は、地上での作業、政策、戦略、我々の役割について説明しており、リーフ・ブループリントはグレートバリアリーフの回復にとって最大の利益になるよう一〇の主要イニシアチブを設定している。オニヒトデの管理や漁業管理などグレートバリアリーフを保全するための既存の管理に加えて、このブループリントは、気候変動のもとでサンゴ礁を守るためGBRMPAが取るべき行動と革新的アプローチについて概説している。

Smithonian Environmental Research Center
スミソニアン環境研究所　ＳＥＲＣ

設立の経緯

メリーランド南部に住む酪農家ロバート・リー・フォレストが一九六二年に亡くなった後、彼の遺言によりロード川沿いにあった三六八acの酪農場がスミソニアン研究所に寄贈され、一九六五年にチェサピーク湾フィールド・バイオロジー・センターが設立された。同地は、生物学ならびに生態学研究のための標本採集地として優れていたため、フォード財団から三七五〇〇〇ドルの助成金を受けた。

その後、一九六九年までに合計五五万ドル計六件の助成金を受け取り、スミソニアン研究所は五六八acの土地を買い増し、総面積は合計九三三acに達した。当初は標本採集地として土地が利用されていたが、一九七〇年に古い家畜小屋を改装し、研究・教育施設の原型が出来た。

それに合わせて、一九七〇年に、チェサピーク湾フィールド・バイオロジー・センターがチェサピーク湾環境研究センター（ＣＢＣＥＳ）に改称された。それまでに植物調査が進められ、流域のマッピングが行われ、天候データが収集され、土地の買収も進められた。一九七〇年代半ばに、スミソニアン研究所は一八〇〇acの土地を所有するまでになり、ロード川沿いの未開発の河岸や水辺の土地を所有し、保全するという目標を持つようになった。

同センターは、一九七〇年代から八〇年代にかけて研究所を建設し、若い科学者のための教育プログラムを開始し、後には一般大衆のための教育プログラムも開始した。

一九八三年から一九八五年にかけて、スミソニアン放射線生物学研究所（ＲＢＬ）がメリーランド州ロックビルからチェサピーク湾環境研究センターに研究を移し、一九八五年にＲＢＬが閉鎖された後、センターの名称がスミソニアン環境研究所（SERC）に改称された。

当初は、ロード川とチェサピーク湾での研究に焦点が当てられたが、研究者は、チェサピーク湾を世界が直面する複雑な環境問題のモデルとみなしてグローバルな観点から研究をするようになった。

一九九〇年代から二〇〇〇年代初めにかけて、スミソニアン環境研究所は拡大を続け、一九九七年にはSERCと米国沿岸警備隊が全国バラスト水情報センターを設立し、運営している。米国の港に入港する商船は、バラスト水の処理法についてSERCに報告する義務がある。一九九六年にスミソニアン環境研究所はスミソニアン研究所の紫外線モニタリングを引き継ぎ、二〇〇四年には水銀汚染の研究を始めた。

二〇一〇年には考古学研究所が設立され、二〇一四年に、スミソニアン環境研究所は、同研究所で初めてLEED（環境性能評価システム）認証でプラチナの評価を受けたチャールズ・マック・マティアス研究所をオープンした。

スミソニアン環境研究所は、二一世紀の環境問題を解決するため科学ベースの知識を提供し、沿岸地域の生態系システムの研究分野で世界をリードし、政策を立案や最良のビジネス慣行を実施、また持続可能な地球を実現するために情報を提供している。

一九六五年の設立以来、スミソニアン環境研究所はチェサピーク湾ならびに世界における急激な環境変化の原因とその影響を理解するため研究を続けている。

今日、同センターの総敷地面積は二六五〇acに達し、一八〇人以上の研究者、技術者、学生が研究に従事し、アラスカから南極大陸、ベリーズからオーストラリアにかけて野外観測所がある。

概要

同センターは、科学に基づいた知識を有し、重大な環境問題への取り組みを支援している。

首都ワシントンDCからわずか二五㎞に位置する米国最大のチェサピーク湾河口域に二六五〇 acの広大な土地と一六㎖にわたる保全海岸線を所有し、長期的かつ最先端の生態学的研究のための実験室としての役割を持っている。毒性化学物質、水質、外来種の侵入、土地の利用方法、漁業、地球変動などを研究し、喫緊な問題への解決に取り組んでいる。

その実績は、米国全土はもちろん世界中の研究者と教育の分野において指導的な役割を担っている。

考え方

その科学研究の成果を教育、一般市民への広報、コミュニケーションを通じて伝達している。

同センターの戦略的な全体計画は、以下の通り。

- 地球変動、毒性化学物質や富栄養化による公害、土地の使用管理、過剰漁獲、外来種の侵入による沿岸地域生態系への影響に関する研究で指導的役割を果たす。
- 独創的なコミュニケーション・テクノロジーを用いて、米国ならびに世界中の新しく多様な聴衆のために革新的な教育を実施し、対外活動を実施。
- 研究、教育、環境資源管理を統合した持続可能な景観のためのユニークな研究現場・研究モデルとして、チェサピーク湾にあるスミソニアン環境研究所の研究現場を管理し、研究施設を整備。
- 社会の利益のために、統合的な環境科学と生態系の総合的な分析を促進。

目的

同センターは、緊急の環境問題に関して、次のような解決策の提供を目的としている。

- 食物連鎖ならびに魚介類への水銀汚染を削減。
- 科学に基づいた漁業資源回復と管理の分野で、世界でも数少ない成功例の一つ。
- 沿岸生態系による二酸化炭素吸収の評価と測定。
- 富栄養化による公害を削減するための土地管理戦略を策定。
- 沿岸地域の海岸線安定化のための効果的な戦略を策定。
- 川ニシン（river herrings）など沿岸地域において減少する漁業資源を保全。
- 外来種の侵入を管理、船舶のバラスト水の管理、外来種に関する全国データベースの作成。
- 森林、湿地帯、河口域、マングローブ林のような非常に重要な生態系の保全管理に関する知識普及。
- チェサピーク湾プロジェクト同様、管理者に伝えるための総合的な情報を収集。

The Food and Agriculture Organization of the United Nations
国連食糧農業機関　ＦＡＯ

国連食糧農業機関（ＦＡＯ）は一九四五年に設立された国連機関で、全ての人々が栄養ある安全な食べ物を手に入れ健康的な生活を送ることが出来る世界を目指している。

このため、ＦＡＯでは、

① 飢餓、食料に関する不安及び栄養失調の撲滅
② 貧困の削減と全ての人々の経済・社会発展
③ 現在及び将来の世代の利益のための天然資源の持続的管理と利用

を主要な三つのゴールと定めている。

現在、約三四〇〇人の職員がイタリアのローマ本部や一三〇ヶ国以上の国や地域で、これらの目標の実現のために活動している。

ＦＡＯ漁業・養殖業局

世界の漁業資源は限られ、生態系も壊れやすいため、ＦＡＯは責任ある漁業管理によりこうした水産資源や生態系を保護保全するよう努めている。ＦＡＯは、各国が漁業養殖業をより効果的に管理出来るよう助け、水産物が将来の世代にわたり、食料、生活、貿易の重要な供給源であり続けるよう取り組んでいる。

一九九五年、FAO加盟国は、漁業・養殖業全般に関する原則や方法を定めた「責任ある漁業のための行動規範」を採択した。漁業分野で広く採用されているこの行動規範は、漁業・養殖業の発展、管理のための方法を概説している。FAOでは、行動規範の補完文書として漁業と養殖業に関する情報拡充のための国際的な行動計画・戦略を策定し、責任ある漁業の目標達成を更に推進している。

行動計画では、はえ縄漁業、サメ漁、漁獲能力、違法・無報告・無規制漁業に関する対策が含まれている。

世界の漁業データを所蔵する唯一の機関であるFAOは、漁業・養殖業に関する信頼出来る情報源という重要な役割を担っている。データ・情報の収集、整理、分析、統合を行い、さまざまな資料を作成し、関連性の高いデータを適切なタイミングで利用者に提供している。

FAO林業局

FAOの戦略目標の一つは、世界の森林を持続可能な形で管理することで、FAO林業局は、社会・環境上の配慮と林産物貿易という経済上のニーズと両立するよう努めている。FAOは中立的な政治対話の場、森林や樹木に関する信頼ある情報源、そして各国が効果的な森林管理計画を策定、実施出来るよう技術援助と助言を行う機関として、役割を果たしている。

FAOには森林と森林資源に関する世界的な情報拠点としての役割のほか、各国の森林データの整備能力強化を支援する機関としての役割がある。FAOは加盟国と協力し、定期的に森林資源の評価を世界的に実施して、報告書、出版物、FAOウェブサイトで公開している。

『世界森林資源評価』は世界の森林に関する最も包括的な報告書で、FAOが隔年で発行している『世界森林白書』は、森林分野が現在直面している課題や新たな課題について記した重要な報告書である。林業に関する学術誌『Unasylva』は一九四七年の創刊以来、英語、フランス語、スペイン語で定期的に発表されており、森林に関する多言語の学術誌として世界で最も古い歴史を持っている。

ＦＡＯには森林と森林資源に関する世界的な情報拠点としての役割のほか、各国の森林データの整備能力強化を支援する機関としての役割がある。ＦＡＯは加盟国と協力し、定期的に森林資源の評価を世界的に実施して、報告書、出版物、ＦＡＯウェブサイトで公開している。『世界森林資源評価』は世界の森林に関する最も包括的な報告書である。

ＦＡＯは、各国が森林計画の策定・改善、森林活動の計画・実施、効果的な森林法の施行を実現出来るよう、技術援助や助言を行っている。この二〇年で、一二〇ヶ国以上がＦＡＯから森林に関する助言を受け、効果を上げている。

ＦＡＯは世界中の関係当事者と幅広く協議し、それを土台に森林管理に関する指針を作成しており、災害管理、人工林の責任ある管理、森林の伐採方法に関する指針には定評がある。

森林は世界で最も重要な再生可能バイオエネルギー源で、ＦＡＯが発行する『森林とエネルギー：主な課題』は、この分野で重大な政策決断を迫られている加盟国に指針を示すものである。ＦＡＯは、森林資源を枯渇させないエネルギー利用システムを作るため各国と協力している。

ＦＡＯは、森林の健全性を守るための緊急援助を行うほか、各国が病害虫の抑制に関して戦略を立てられるよう支援している。

毎年、火災によって何百万haもの土地が被害を受けているため、ＦＡＯは各国と協力し、コミュニティーを主体とした取り組みを導入するほか、火災関連の政策、法律を強化し、防火管理に関する国際協力を進めている。

ＦＡＯでは、農村の経済的ニーズと将来に向けた森林資源保護とが両立出来るよう、参加型林業とコミュニティーベースの企業の普及を図っている。

FAO土地資源・水資源局

土地、水、遺伝物質といった天然資源は、食料生産、農村開発、持続可能な生活に欠かすことが出来ない。こうした天然資源をめぐる争いは、長らく人類史の特徴の一つで、残念なことに、多くの地域でこの争いが増大するおそれがある。背景にあるものは、食料、繊維、エネルギー需要の高まりのほか、豊かな土地の損失や劣化がある。生育状況の変化や水不足の悪化、生物多様性の損失、異常気象など気候変動による影響によって、争いは更に悪化することが予想され、生産的な農業を守るためにはこうした課題に取り組む必要がある。

一二億人以上の人々は深刻な水不足に直面している地域に住んでおり、このような地域では全ての人が必要とする十分な水がない。また、およそ一六億人は水不足の流域に住み、ここでは水資源を十分に確保するために必要な人的能力や資金が乏しいと見られている。

推計で二億五〇〇〇万人がすでに砂漠化の影響を受け、更に一〇億人近くにその危険があるとされている。

FAOでは土地資源の十分な利用機会を保証する土地保有政策の導入を推進している。他の国際機関と協力し、土地保有・管理における適切な統制、難民・国内避難民への財産の返還に関する指針を作成し、導入を後押ししている。

FAOの土地管理プログラムは、持続可能な農業を推進し、土地の特徴とその潜在的な利用法に関する理解を深めることを目的としている。プログラムでは土地目録の作成と土地の評価に取り組んでおり、最近、世界の土壌データベースを立ち上げた。

世界人口は現在の六七億人から二〇一五年には七二億人に増えると予想されている。この将来の人口増を背景に重要となる世界的課題の一つが、少ない水で多くの食物を栽培し、水の効率利用と生産性を高め、水資源を公平に利用出来るようにする能力である。現在、灌漑農業は世界の淡水利用の約七〇%を占めており、一部の途上国ではこの割合が九五%に上り、一方で工業用と家庭用の淡水利用割合はそれぞれ約二〇%と一〇%である。

しかし、生態系を適切に機能させるため、少ない水で食物を多く育てる必要がある。必要性が高まると共に、工業・家庭用の水の利用による負担が高まってきている。気候変動や、それが最も脆弱な地域に与えるであろう影響が新たな課題を生み出しており、バイオ燃料用の穀物栽培で使用される水も新たな問題になると予想されている。

FAOは、水問題を扱う国連機関の連携強化のための組織、国連水関連機関調整委員会(UN-Water)の主要パートナーとして積極的に活動している。FAOの水資源データベース「AQUASTAT」は、国別・地域別の重要データと情報を掲載している。

UNESCO World Water Assessment Program（WWAP）
国連世界水アセスメント計画

ユネスコ（国際連合教育科学文化機関、United Nations Educational, Scientific and Cultural Organization/UNESCO）は、国際連合の経済社会理事会の下におかれた、教育、科学、文化の発展と推進を目的とした専門機関で、本部はパリにある。二年に一回開催される総会、年に二回開催される執行委員会の下に事務局が置かれ、教育、自然科学、人文・社会科学、文化、情報・コミュニケーションの五局が各分野の活動を行っており、各局で連携して事業が実施されることもある。

ＵＮＥＳＣＯ ＷＷＡＰ（国連世界水アセスメント計画）は、国連水会議や水と環境に関する国際会議などで警鐘されてきた世界の水問題の現状について継続的に評価し、改善に向けた行動の検証を行うことを目的とする国連システム全体唯一の水に関する取り組みである。一九九二年の国連環境開発会議（ＵＮＣＥＤ）で合意された行動原則アジェンダ21の淡水に関する目標進展の把握と、二〇〇〇年の第二回世界水フォーラム（２ＷＷＦ）で採択された世界水ビジョンの提言の実施状況のモニタリングを行うために、日本政府の支援により二〇〇〇年八月にパリのユネスコ本部内に事務局が設置され活動が始まった。その後、国連水関係機関の合意や支援国の増加などにより発展を続け、二〇〇三年三月の第三回世界水フォーラム（３ＷＷＦ）で世界水発展報告書（WWDR: World Water Development Report）の創刊号を発表し、世界の政策決定者やメディアの注目を浴びた。ＷＷＤＲは世界の深刻な水問題について地球規模のデータを用いて一一課題分野ごとに分析すると共に、問題の改善には政治的意思が不可欠であると指摘し、ＷＷＡＰ自体が世界の淡水の状況をモニタリングする地球規模のメカニズムとなった。二〇〇三年七月に始まったフェーズ2では、更に支援国やパートナーが増加し、国連システムの水に関する最重要プログラムと位置づけられ、二〇〇六年三月にＷＷＤＲ－２（世界水発展報告書第2号）を第４回世界水フォーラムで発表した。更なる発展に向け、第三フェーズではイタリア政府の誘致により事務局をペルージャ（イタリア）に移し、リエゾン・オフィスをパリに設置した。日本政府は、設立当初から財政支援に加え事務局への専門家の派遣（国土交通省から）、ケーススタディーの実施などで支援している。

ＷＷＡＰの主な活動は、ＷＷＤＲ世界水発展報告書の作成、水情報ネットワーク及び水ポータルの構築、各国政府及び国連機関の能力開発、水紛争解決プログラムの推進である。

【コラム】スタインベックの故郷カリフォルニア

小松正之

スタインベックとの出会い

二〇一四年五月に私は、訪問先のカリフォルニア州モントレー市で、ジョン・スタインベックと出会う。スタインベックの故郷で、初めて彼の著書を読み更けたのだ。書をとおしての出会いだった。

彼は、生物学者のエドワード・リケットをメンター（精神的な助言者）としている。リケットは、海洋生物学と哲学を研究し、スタインベックは、彼の生物研究所を手伝い、二人は強烈な知識欲と哲学でお互いに影響し合う。

スタインベックは、自然と人間を愛する細部に配慮した表現が独特である『怒りの葡萄』と『エデンの東』は有名である。前者は想像外の人間の困難と苦悩を描き、後者は人間の優しさも描く。ジェイムス・ディーンの出演で一躍有名になったが、小説の主人公は彼の父アダム・トラスクとその父を助けたハミルトン氏である。リケットは一九四八年に運転する自動車と貨物列車の衝突事故で死亡する。彼からモントレー湾の生態系の回復の重要性を教えられたスタインベックは、自ら努力する。

モントレーにあるジョン・スタインベックが眠る墓。

スタインベックはモントレーから内陸の方東に約二〇マイル（三〇㎞）にある現在人口一五万人のサリナス市で一九〇二年に生まれた。そこはサリナス渓谷の中心にあり、サリナス川が、北西に流れ太平洋にそそぐ。彼は、農業を営んだ人々に囲まれ、父も一時は小麦の精製工場を経営したが、砂糖の生産が主流となり、倒産した。その後、父は郡の財務官として働いた。上層に属した家庭である。

私はその後、二〇一五年にサリナスを訪問し、彼の墓地に行き手を合わせた。

人間を愛した観察眼

スタインベックのサリナスを愛する観察眼は、その著書『エデンの東』にも丁寧に描かれる。一つ一つの植物を丹念に観察し、花、草木、花弁の色彩や植物の高さ、季節の移り変わりや、年による収穫と降雨量とその変動も克明に描いた。

そこにはサリナスの自然、農業とそこに働く人々心から愛する気持ちが伝わる。サリナス渓谷とそれを取り巻く自然と人間とその営みを一体として描いている。

『怒りの葡萄』が発表され、彼は労働者の描き方が悲惨で土地所有者が悪い描き方が明らかになると米国各地やサリナスの農場主はスタインベックの著作は読むべからずとして焼いてしまった。これが却って、人気を呼ぶ。

『エデンの東』では登場人物が個性的な性格を備える。それが相互に関連する。スタインベック自身は主人公『アダム・トラスク』に描かれる。彼が最も理想として描いたのが、農家や住民を無償の愛で助けたハミルトンである。実の母方の祖父である。

人間も自然も生態系として描く

ハミルトンの娘がジョン・スタインベックの実母であるオリバーである。彼女は父のスタインベック氏と結婚した。ジョンの兄弟も全て女であり、母と姉妹から多くの影響を受けた。

三歳年下の妹メアリーとも最も仲が良かった。人間が織りなす模様全体を見て相互に関連して描くのが、スタインベック流である。

サリナスの隣町のモントレーを描いた『缶詰横丁』での主人公は彼の尊敬するエドワード・リゲットである。その中にはあらゆる種類の人間が登場する。雑貨屋の主人の中国人、不良グループでリゲットを助けようとして問題を大きくする若者、売春宿の女主人と売春婦。各種の人間だが社会の低辺に位置する人間に焦点を当てた。

スタインベックはサリナスやモントレーの自然も人間模様も全てが生態系として描いている。それぞれの人々が相互に関連して生きていることを浮き彫りする。人間も、陸上の、海の生態系もみんな大局的に、総合的に、そして一つ一つを大切な要素と相互作用して描く。このことが、モントレー湾の生態系の回復に力を入れる原動力にもなったと考える。

『怒りの葡萄』と『エデンの東』

二〇一四年五月にモントレーを訪ね、モントレー水族館のツアーで、彼の敬愛する生物学者で哲学者のエドワード・リケットの足跡に出会った。スタインベックがモントレー市やパシフィック・グローブ市の街並みとモントレー湾の生態系の再生に尽くしたことを知る。私はモントレー水族館で、リケットとスタインベックの著作を購入し、入手出来ないものはモントレー水族館の職員が入手してくれた。リケットとスタインベックの考え方や生きざまに共感を覚えた。彼らの人となりはスタインベックの著作を通じて学んだ。

その他に、リケット著の『Between Pacific Tides』やスティーブン・パランビ著の『The Death & Life of Monterey Bay』『Cannery Row』などを読んだ。

『怒りの葡萄』の舞台一九三〇年代のオクラホマでは、小規模な農家が、土壌の劣化で収穫量が落ち、銀行から借金で長年やりくりをしていた。しかし、銀行が農地の所有権を担保にしていたために、小規模な農家を追い出して、その後に大規模農業地帯にする。そして追い出された農家は途方に暮れカリフォルニアを目指す。そこで苛酷な運命が待ち受ける。何の希望もない。

『怒りの葡萄』でスタインベックは農園主から共産主義者とのレッテルを張られ、オクラホマやカリフォルニアの学校では、この本を焼かれ読書を禁じられた。この時代は第二次世界大戦前の共産主義運動が活発で、ロシアではレーニンが共産主義国家「ソビエト連邦」を樹立し中国共産党も躍進した。

しかし彼は「自分は政治的意図には関心がない」と明言している。

この本はエレノア・ルーズベルトそしてフランクリン・ルーズベルト大統領にも読まれ一躍失地回復し有名になった。ルーズベルト大統領は、この本をきっかけに米国の農民政策を樹立していく。

『エデンの東』

エデンの東の〝エデン〟はスタインベックにとってはカリフォルニアであると思う。彼は、カリフォルニア州の農村地帯サリナス市生まれである。若いうちから作家を目指し、スタンフォード大学に入学するが、卒業する気がなく、故郷の農業や自然に大きな関心を持ち細かなところまで観察した。彼にとって〝エデン〟すなわち〝西〟は、閉塞感の土地であった。一方、彼にとっての〝東〟であるニューヨークに憧れた。

しかし、若い時に訪れた時には数ヶ月で帰る。後年一九四八年に三度目の夫人エライン（Elaine）と一三年間住み、臨終の地となった。ニューヨークの東七二丁目の通りに暮した。スタインベックは、『エデンの東』をニューヨークの地で書き上げた。

幸福とは何か

「エデンの東」は自分の生い立ちと親や兄弟と身近な人々を描いている。ジェームス・デイーンが演じたカルの父親「アダム・トラスク」が主人公であり、スタインベック自身と言われる。

彼と対立的に、かつ悪魔ように描かれる娼婦で妻の「キャシー」がいる。彼女は意思が強く全ての悪を有する強さがある。

【写真 15】
スタインベックの小説「Cannery Row（缶詰横丁）」の舞台になったモントレーの街並み。

彼女のモデルは最初の奥さんのキャロルと言われる。

ところで、人のために尽くす登場人物がいる、地域の農家の世話焼きのハミルトンとトラスク家のお手伝い中国人男性リーである。両人とも博識で自分の利益名誉や世間的成功を求めない。人々から敬愛され静かに死んでいく。

幸福とは愛であるとスタインベックは云う。自分が人から愛されているかどうかは所詮わからない。だから、自分がその人を愛しているかどうかだと彼は思う。「エデンの東」の最後の場面、カルと臨終のアダムの対話がそれを暗示する。

おわりに

地球と陸・海洋生態系の悪化が目に見えて著しい。その思いが強くなったのは今から一七年も前からである。二〇〇二年から日本の沿岸漁業・漁村地域を歩きだしてからである。日本の沿岸漁村が元気がないので何か起死回生の起爆剤がないものかと思って、民俗学者の宮本常一の足跡をたどったが、特段これといった解決策にあたったわけではなかった。農業や漁業の高齢化と若者の後継者がいなくなったのも大きいと思う。次代を担う世代は、自らの生活の糧を与える自然を守ることに情熱があるはずである。

当時、私は、戦後宮本らが漁村を訪ねて、土地の古老から、江戸時代から続く古文書を借り出して、戦後の漁業制度の改革に結びつけようとしていたことを発見した。宮本のその時代は一九五〇年代の前半であった。それから五〇年も経過し漁業制度は古くなっているのに、水産庁内ではだれもこれを修正・改正する意図と意欲のある人がいなかった。それで私は、自分で漁村を回り、現在の実像と漁業法に代表される漁業法制度との間のギャップを発見しようとした。そのようなプロセスの中で、当然のことながら漁業制度の改革：近代的な資源管理手法と養殖漁場や定置漁業に対する新規の投資や算入の重要性には気づいたが、それだけでは沿岸地域の漁業の回復はおぼつかないと身をもって発見した。海を回れば、日本中いたるところにテトラポット（消波施設・ブロック）が埋め立てられて、必要もない漁港と港湾が建設され、そこには漁船もなく、イルカが泳いでいるプールであったりした。

そして膨大な長さの自然海岸は埋め立てられ、堤防から海が見えなかった。優良な海浜地帯、白砂青松と湿地と藻場も干潟も砂州も消えた。しかし、その藻場干潟を消したのは、水産庁の中にある漁港部であることも多かった。組織の中に、漁業の生産性を減じる機能を内包しているが、一見、経済的に場を提供したり、工事により潤う人がいたので、それで済んだのだが、その工事でどれだけの環境の劣化と破壊が起こったかについては誰も指摘せずに、誰も経済的コストの損失を計算しなかった。

一方、陸上の針葉樹林の植林が進んで広葉樹林・照葉樹林がなくなり、保水力と栄養の供給力が大きく低下した。河川の護岸が出来て災害時に増水の可能性が増し、平時には水がなくなり河底が見えた。鉄砲水は流れると沿岸の生態系を破壊した。

それでも日本人は、コンクリートの建設にとりつかれる。増水にはより高い堤防の建設をすべきと主張する。自然の回復力と吸収力を活用することを考えもしない。

これは何も私の経験する海洋生態系の分野に限ったことではない。人類は、日本人は、経済成長という妄想（delusion）に憑りつかれ経済活動から生じる負の部分を全く成長の際の計算に考慮していない身勝手と過ちを犯してきた。大量のごみ、大気汚染や海洋・沿岸の破壊、そして原発の最終廃棄物の処理、鳥インフルエンザ、豚コレラや牛の海綿状症候群（ＢＳＥ）の処理代も、税金で処理される。これはＧＤＰのマイナスの要因である。

しかし、世界は自然の力を利用して、これを活用する防災に向きだした。二〇一八年、Nature-Based Solution for Water（ＮＢＳ）、自然力に頼る解決方法をＷＷＤＲ（世界水資源開発報告）が発表された。ＮＢＳは近年世界中の注目を集めだした。ＮＢＳによって、進歩的な政策が世界各国でとられだした。それらは、水資源問題、食料の安全保障、農業、生物多様性、災害のリスク削減、都市定住と気候変動への対処も含まれる。これらは二〇一五年に国連サミットで採択されたＳＤＧｓ（持続的開発目標）の一七項目のそれぞれと相互関係に関連するものである。

人類にとって困難な課題へ、これまでの仕事のやり方では解決には到底至らない、と国際社会は判断している。最近、世界の若者が地球温暖化の撲滅に対して、立ち上がり、活動を開始した。日本でも、このような関心を惹起することが極めて重要である。もっと自然を大切に自然の機能を理解して長期的な視点をもって、将来の世代のための問題解決にあたることが重要である。

そのような私たち著者の思いを雄山閣の宮田哲男社長と安齋利晃氏にご賛同いただいた。そして、出版の機会を与えていただいたことに深甚なる敬意と謝意を表します。この挑戦的なテーマに対して、今後少なくとも五巻程度を連続して発刊していきたいと考えている。

読者各位の深甚なるご支援とご協力とご叱正に節に期待するものであります。

敬具　小松正之

【引用・参考文献】

■序章、第一章、第二章、第四章、コラム

The structure of scientific REVOLUTIONS 50th Annversary edition　Thomas S. Kuhn
The University of Chicago press　2012

The death & Life of Monterey Bay A story of revival　Stephen R. Palumbi & Carolyn Sotka
Island press　2011

Half Earth　Edward O. Wilson NewYork Times 2015

A shearwater book　"The New Economy of Nature"　Gretchen C. Daily and Katherine Ellison
Island Press　2002

The sixth extinction An unnatural history　Ekizabeth Kolbert
Henry Holt and Company　2015

Salmon Biology, Ecological impacts and Economic Importance　Patrick T. K. Woo ＼ Donald J. Noakes
Nova Science Publichers　2014

Between Pacific Tides　Edward Ricket Stanford University Press　1992

The New Economy of Nature The quest to make conservation profitable　Gretchen C. Daily and Katherine Ellison
Island Press 2002

The growth delusion—The wealth and well—being of nations　David Pilling Bloomsbury Publishing 2018

Cannery Row　John Steinbeck

《United Nations》
Sustainable Development Goal 6 Synthesis Report on Water and Sanitation 20

《The United Nations World Water Development Report》
●2015
Water for a sustainable world
Ecohydrology — As an integrative science from molecular to basin scale —
Historical evolution, advncements and implementation activities
●2017
WasteWater The Untapped Resource
●2018
Nature — Based Solutions for Water
Nature — Based Solutions for Water Fact and figures
Nature — Based Solutions for Water Executive summary
《Food and Aguricurture Organization of the United Nations》
Watershed Manegement in Action Lessons learned from FAO field projects
The 10 elements of agroecology Guiding the transition to sustainable food and agricultural system
Achieving Blue Growth - Building vibrantfisheries and aquaculture communities
Impacts of Climate change on fisheries and aquaculture
— Synthesis of curren knowledge, adaptation and mitigation options —
Summary of the FAO Fisheries and Aquaculture Technical Paper 627
FAO'S WORK ON AGROECOLOGY — A pathway to achiving the SDGs
『気仙川・広田湾プロジェクト　森川海と人』　一般社団法人 生態系総合研究所　二〇一五年
『森と川と海の正しい関係　気仙川・広田湾総合基本調査報告書』　一般社団法人 生態系総合研究所　二〇一六年

『気仙川・広田湾プロジェクト　森川海と人　二〇一六年度気仙川・広田湾総合基本調査報告書』
一般社団法人 生態系総合研究所　二〇一七年
『気仙川・広田湾プロジェクト　森川海と人　二〇一七年度気仙川・広田湾総合基本調査報告書』
一般社団法人 生態系総合研究所　二〇一八年
『二〇一八年度広田湾・気仙川総合基本調査事業報告書　陸前高田市二〇一八年度事業』
一般社団法人 生態系総合研究所　二〇一九年

■第三章

『地球温暖化関係の解説』　http://www.data.jma.go.jp/cpdinfo/chishiki_ondanka/index.html 等
『サケの放流数と来遊数及び回帰率の推移』　北海道区水産研究所　二〇一八年
http://salmon.fra.affrc.go.jp/zousyoku/ok_relret.html
『地球温暖化懐疑論と環境情報』大妻女子大学紀要―社会情報系―　伊藤朋恭　二〇〇七年
社会情報学研究：（一六）一四九～一五九
『地球の歴史　（上）水惑星の誕生（中）生命の登場（下）人類の台頭』　鎌田浩毅 中公新書 中央公論新社　二〇一六年
二五九頁、二三三頁、二八三頁。
『雑草が大地を救い 食べ物を育てる』　片野學　めばえ社　二〇一〇年　八七頁
『地下水の世界（NHKブックス六五二）』　榧根勇　日本放送出版協会　一九九二年　二二一頁
『地下水と地形の科学　水文学入門』　榧根勇　講談社　二〇一三年　二五三頁
『正常流量検討の手引き（案）』　国土交通省河川局河川環境課　二〇〇七年　国土交通省　八一頁
『気仙川・広田湾プロジェクト 森川海と人　二〇一七年度気仙川・広田湾総合基本調査報告書』
一般社団法人 生態系総合研究所　二〇一八年　七六頁
『研究報告（Ⅰ）気候変動とサケ資源について』　帰山雅秀　北海道気候変動観測ネットワーク設立記念フォーラム

『サケの生活史と気候変動』 帰山雅秀 二〇一一年 http://www.ies.hro.or.jp/HSCC/forum201102/pdf/4.pdf
Biophllia 電子版 二〇一五年
Vol. 四、No. 三 https://ebooks.ad3.jp/ebooks-preview/adm0043/adme0043-1.pdf
『河口・沿岸域の生態系とエコテクノロジー』栗原康（編） 東海大学出版会 一九八八三年 三五頁
『東京湾再生計画』 小松正之・尾上一明・望月賢二 二〇一〇年
『東京湾再生計画―よみがえれ江戸前の魚たち―』 小松正之・尾上一明・望月賢二 雄山閣 二〇一〇年 二〇七頁
『日本の水産資源の現状―何が問題なのか―』 望月賢二 東京財団政策研究所 二〇一八年論考
https://www.tkfd.or.jp/research/detail.php?id=236
『トピックス ロシアにおけるサケ資源の動向』 森田健太郎 SALMON情報 二〇一六年
『森と海を結ぶ川―沿岸域再生のために―』 向井宏 京都大学学術出版会 二〇一二年 三三五頁
『システムとしての〈森―川―海〉―魚付林の視点から―（人間選書二一八）』 長崎福三 農山漁村文化協会
一九九八年 二二四頁
『川の蛇行復元 水利・物質循環・生態系からの評価』 中村太士 技報堂出版 二〇一一年 二六〇頁
『図解これならできる山づくり―人工林再生の新しいやり方』 鋸谷茂・大内正伸 農山漁村文化協会
二〇〇三年 一五三頁
『新版魚類額（下）改訂版』 落合明・田中克 恒星社厚生閣 一九九八年 xvii+三七七～一一三九頁
『人工林荒廃と水・土砂流出の実態』 恩田裕一（編） 岩波書店 二〇〇八年 xiv+二四五頁
『河道変遷の地理学』 大矢雅彦 古今書院 二〇〇六年 一七二頁
『森と田んぼの危機（クライシス） 植物遺伝学の視点（朝日選書六三七）』 佐藤洋一郎 朝日新聞社
一九九九年 二二七頁
『森と里の危機（クライシス） 暮らし多様化への提言（朝日選書七八六）』 佐藤洋一郎 朝日新聞社

『漂砂と海岸浸食』 榧木亨 森北出版 一九八二年 一九五頁
『地下水・湧水を介した陸－海のつながりと人間社会』小路淳・杉本亮・富永修（編） 恒星社厚生閣 二〇〇五年 二〇六頁
『日本系サケ地域個体群の増殖と生物特性1』 水産研究・教育機構 二〇一七年 二〇一七年 一四一頁
『平成二九年度国際漁業資源の現況六〇 サケ（シロザケ）日本系』水産研究・教育機構 二〇一八年 水産総合研究センター研究報告第三九号 http://kokushi.fra.go.jp/H29/H29_60.pdf
『国土の変貌と水害（岩波新書（青版）七九三）』 高橋裕 岩波書店 一九七一年 二一六頁
『硝酸性窒素地下水汚染対策の啓発について』田淵俊雄 農業土木学会誌 一九九九年 六七（一）：五九～六七
『日本人はどのように自然と関わってきたのか 日本列島誕生から現代まで』 タットマン、コンラッド（黒澤玲子訳） 築地書館 二〇一八年 三五九＋四四頁
『河川事業は海をどう変えたか』 宇津木早苗 生物研究社 二〇〇五年 一一六頁
『森川海の水系 形成と切断の脅威』 宇津木早苗 恒星社厚生閣 二〇一五年 三三二頁
『川と海 流域圏の科学』 宇津木早苗・山本民次・清野聡子（編） 二〇〇八年
『海洋大変異 日本の魚食文化に迫る危機』 山本智之 朝日新聞出版 二〇一五年 三四六＋viii頁
『森里海連環学 森から海までの総合的管理を目指して』 山下洋（監修） 京都大学学術出版会 二〇〇七年 三六四頁
『森川海のつながりと河口・沿岸域の生物生産（水産学シリーズ一五七）』山下洋・田中克（編） 恒星社厚生閣 二〇〇八年 一四七頁
『日本の地下水・湧水等の硝酸態窒素濃度とその特徴』 藪崎志穂 二〇一〇年 地球環境 Vol. 一五 No. 二 一二一～一三一頁

干潟、前浜干潟	2,11,31,46,50 51,62,93,111 112,142,143 144,145,146 162,177,219 221,238,239 269	河川水が海水と出会った所に形成される河口・海岸地形。形成の場所やメカニズムにより、日本の干潟は、河口閉塞により発生する河道横行の名残として河口内に形成される潟湖（がたこ、せきこ）、潮汐の影響を受けて河口付近の河道沿いに形成される河口干潟、比較的静穏な内湾奥部の河口外の海岸に沿って形成される前浜干潟の 3 タイプに分けられる。この中で前浜干潟が最も規模が大きい。干潟は満潮時に水没し、干潮時干出し、抽水植物が繁茂していない潮汐平底と呼ばれる海側の平坦地形とその陸側背後や周囲に形成される塩性後背湿地から構成される自然の一単位である (ただし、日本では一定面積以上の潮汐平底だけを干潟といい、塩性後背湿地は考慮されていないことが多い)。環境・生物多様性が大変高く、現存量や再生産力も極めて高かった。詳細は本文（p124 ～ 127）参照。
漂砂	133,160,161	波浪等により海岸付近で発生する沿岸流によって生じる土砂の移動や移動する土砂をさす。海岸侵食に深く関わる。
伏流水	40,51,70,92 111,129,131 133,138,166 237,239	河川敷や旧河道の下層にある砂礫層を流れている地下水（土壌水）で、地表の河川との水理的な関係が強いものをさす。
浮出	166,170,171	魚類の一部にみられ、産卵床 (サケ科魚類の場合は砂礫中) 内で孵化したのちもそこに留まって卵黄により成長するが、卵黄を消化し終わると、自力生活のために産卵床外（水中）に出てくること。
浮遊生物法	141	水に酸素を溶解させ、同時に攪拌混合し、その中に主に好気性微生物を浮遊滞留させて汚水を処理する方式。
変異原性	153	変異原とは、生物の遺伝情報に変化を起こす作用をもつ物質や放射線などによる物理的作用をいい、変異原性物質は細胞や生物体に突然変異を発生する頻度を高める物質。
母川回帰	168	サケ科魚類が海域で成長した後、産卵のために再び産まれた河川 (母川) に戻る (回帰) こと。
マイクロプラスチック	151,153,162	プラスチック類の 1㎜以下、あるいは 5㎜以下といった微小な破片のことで、水域を中心に急速に蓄積が進行している。主要なものに、工業用や洗顔用などの幅広く使用されている研磨剤など、様々な大型プラスチックが外力や紫外線劣化などで細かく砕けたもの、洗濯時に脱落した合成繊維の破片などが知られている。これらは海洋生物の消化管内などで発見され始めており、人の便からの発見報道もあるなど、生態系内にも広がっている可能性が高い。これらは成分である化学物質の溶出や吸着した物質の影響など、それを取り込んだ生物に対する様々な影響を引き起こす可能性がある。
三日月湖	111	氾濫原において、河川流路の蛇行が進行した結果、増水時に河道切断・短絡化することで形成される旧流路部分に残された三日月状湖沼で、河跡湖（かせきこ）とも呼ぶ。
水循環系	107,110,111 116,125,131 136,140,151 177	水が、太陽エネルギーや位置エネルギーなどにより、水蒸気、水 (水滴を含む)、氷などと状態を変化させながら、大気、陸域 (地中および地表)、海域間において継続的に循環するシステム。
メタンハイドレート	119	低温・高圧下でメタン分子が水分子に囲まれた、網状結晶構造をもつ包接水和物。比重は 0.9 g/cm3 であり、堆積物に固着して海底に大量に埋蔵されている。
翼足類	170	浮遊性巻貝類で、殻をもつ有殻類と持たない裸殻類の総称。足が左右に広がって翼状で、これで海中を浮遊してプランクトン生活を送る。
リップアップ	46	リップラップとは石と石とで護岸を形成したもの。
リビング・ショアライン **Living shoreline**	86,87,90,93 94	生きた海岸線。海岸線の生物保全と安定を天然由来にものよって行う活動。
BOD 濃度 **Biochemical oxygen demand**	141	水質指標の一つ。生物化学的酸素要求量。生物分解性有機物のみの酸素要求量。
COD Chemical Oxygen Demand	141	水質の指標の一つ。化学的酸素要求量。有機物と無機物、両方の要求酸素量。
IFQ Individual Fishing Quota	224	個別漁獲割り当て制度。
ILO **国際労働機関** **International Labour Organization**	234	一九一九年に創設された世界の労働者の労働条件と生活水準の改善を目的とする国際連合の専門機関。
ITQ Individual Transferable Quota	211	譲渡可能個人漁獲割当量と訳される。 漁獲可能量 により設定された漁獲枠を個人または漁船別に分配。またこの枠を譲渡が自由にする仕組みを持つ。日本では漁獲量のかわりに漁船数やトン数を規制している。
NOAA **米国海洋大気庁** **National Oceanic and Atmospheric Administration**	18,196,197 204,205,216 219,229	アメリカ合衆国商務省の機関の一つ。海洋と大気に関する調査および研究を専門とする。
PM **Particulate Matter**	1,23	大きさにより PM10 や PM2・5 と分類、日本では微小粒子状物質とも言う。粒子状物質は主に人の呼吸器系に沈着して健康に影響を及ぼす。
SDGs **持続可能な開発目標** **Sustainable Development Goals**	37,232,234 240,270	二〇一五年九月の国連サミットで採択された「持続可能な開発のための二〇三〇アジェンダ」にて記載された二〇一六年から二〇三〇年までの国際目標。
WHO **世界保健機関** **World Health Organization**	234	人間の健康を基本的人権の一つと捉え、その達成を目的として設立された国際連合の専門機関。

扇状地 **Alluvial fan**	111,154,180	急傾斜の山地を流れる河川が運ぶ砂礫が、平坦地に出ると流速が弱まるために谷の出口を頂点に扇形に堆積した地形。扇子との形状の類似で名付けられた。頂点を扇頂、末端を扇端、中央部を扇央という、
外水	134,135,174	河川流路内の水。外水氾濫は河川の増水により堤防を越えて人の住む陸域に水が溢れ出ること（＝洪水）。
代替フロン	11,17,119	オゾン層破壊の働きが弱いとして、特定フロンガスの代替として産業利用されているハイドロクロロフルオロカーボン（HCFC）類とハイドロフルオロカーボン（HFC）類をさす。しかし、これらも強力な温室効果があり、オゾン層への影響もあり、全廃が決まっているが、実行には様々な問題がある。
太平洋十年規模振動指数（PDO）	171	太平洋各地で、海水温や気圧の平均的状態が 10 年ごとに上下に変動する、約 20 年周期の現象があるとする説。
谷底平野 Valley bottom plain	111	河川によって形成される沖積平野のうち、山地や台地の間にある細長い低平地を指す。
端脚類	170	甲殻類の一群で、体長は数 mm ～数 10cm であるが、小型種が多い。体は左右や上下に扁平でやや細長いものが多い。
地下浸透能	125	地面がどれだけ水分を吸収する能力があるかを示すもので、これが大きいとより多くの雨水が地下浸透し、地下水が蓄えられることとなる。
地球温暖化	12,75,115 117,118,119 120,121,122 140,151,165 172,186,190 194,245	二酸化炭素等の温暖化ガスの人為的増加による大気や海水温の上昇を中心とする、気球規模の深刻な環境変動。詳細は本文説明 (13 ～ 14p) 参照
地球環境問題	115	人の行為の結果として進んでいる地球環境悪化の問題。これには物理化学的環境悪化と生態系等生物的環境悪化がある。前者には、地球温暖化、大気圏・陸圏・水圏などにおける汚染問題やゴミ問題、水循環系の悪化、非生物資源の大量消費問題などがあり、後者には生態系の変質や破壊と生物資源の過剰消費、第一次産業の近代化・人工化などがある。また、両者にまたがる問題として、人口問題、都市問題、グローバル化に関連する諸問題、自然災害の激化と多発、戦争問題などがある。更に、これらは相互に影響しあって大変複雑であり、深刻化が進んでいる。
地形学 **Geomorphology**	200,201	地形を取り扱う自然地理学の一分野でもあり、地球科学の一分野でもある。地球の表面上を構成するあらゆる地形の記載・分類・成因などを研究するもの。
潮汐平底	144,145	干潟、特に前浜干潟において、干潮時に干出し、満潮時に水没する平坦地形で、抽水植物が繁茂する塩性後背湿地を除く。
通し回遊	155	海と川をまたぐ回遊で、生活史の特定の時期に海及び川を利用するものや、一年内に両水域を行き来するものがいる。
特定フロンガス	119	フロンとは、炭化水素の水素原子を塩素やフッ素等で置き換えた化学物質の総称であるが、その中で使用量が多く、オゾン層を破壊する働きが大きい CFC11、12、113、114、115 の 5 種類をさす。冷蔵庫・エアコン等の冷媒、精密部品の洗浄剤など広く使われてきたが、先進国では 1995 年末に全廃が決っているが処理は完了していない。高い温室効果がある。
内水	121,135,146	市街地などの陸域に降った雨水。内水氾濫はこの雨水を処理出来ずに陸域が水につかること。
内水面漁業	127,136,157	内水面は、河川や湖沼などの淡水域をさし、そこで行われる漁業が内水面漁業である。ただし、漁業法では琵琶湖と霞ケ浦は海域に準じて扱われる。なお、海水域を外水面という。
ナノ物質	153	一辺が 100 ㎚（ 1 m の一千万分の一）以下の物質で、この大きさの微小粒子から、細いひも状のもの、大変薄いシート状のものなどがある。これらには、炭素系のカーボンナノチューブ、フラーレンなど、金属系の二酸化チタン、金・銀・鉄などのナノ粒子、酸化亜鉛など、セラミックス系の二酸化ケイ素など、有機高分子系など様々なものがある。広く工業用品として使われているが、日焼け止めクリームの二酸化チタンや消臭剤としての銀ナノ粒子など、生活の中にも急速に浸透している。このナノ物質は、極めて優れた機能を持っていると共に、生物に対して様々な悪影響の可能性があるが、十分には研究されていない。また、環境中にも様々なナノ物質類似の物質がある。
ネオニコチノイド	149	天然物質であるニコチンやニコチノイドをもとに開発されたクロロニコチニル系殺虫剤の総称で、イミダクロプリド、アセタミプリド、ジノテフランなどがある。人などに対する急性毒性は低いとされるが、植物体への浸透移行性があり長期間殺虫成分が植物体内に残る。ミツバチなど植物に依存する昆虫類に強い毒性を示す。
熱塩循環（深層大循環） **Thermohaline circulation**	119	北大西洋と南極海の表層で形成された低水温、高塩分濃度の高密度海水が沈下し、深海底を約 1200 年かけて移動し、北太平洋で表層に湧昇する循環。湧昇後、主に風成循環として表層を流れて地球を一周する海洋大循環を形成し、地球環境に大きな影響を与えている。
氾濫原 Flood plain	111,135,180	自由流下する河川が運ぶ砕屑物（礫、砂、泥など）が、増水時に河道から溢れ周囲に堆積して形成された平坦地形で、主に扇状地と三角州の間に形成される。この時、氾濫原内に自然堤防、旧河道、後背湿地、三日月湖などの微地形が形成される。
ビオトープ	136	相互に有機的関連を持つ生物群集の生息空間で、周辺地域から明確に区分出来る生息環境の地理的最小単位をさす。

ゲノム編集	115	特定の染色体部位に働くヌクレアーゼ（核酸分解酵素の総称）を用いて、特定の塩基配列を狙って DNA を切断することで、意図的に DNA を改変する事を可能にする技術。
現存量	114,141,142 159,165,171	ある地域に現存する生物の総量。
現代型乾田（稲作）	114,139,142 145,146,147 148,165,173 174,177	大型機械使用と化学肥料・農薬等の多用による稲作近代化と省力化を目的に、構造変換された乾田とそれによる稲作法。これにより、地形の均一化と区画整理による大型水田化、秋～春の完全干上げ、給排水の上下水道方式化と小川の人工化・農業用排水路化などが進められ、イネ以外の生物が殆ど姿を消し、日本の自然の核であった水田・湿地生態系がほぼ壊滅した。
荒廃林	114,124,126 165,176	樹冠部が林全体を覆って薄暗く、林床が裸地化し、雨水の地下浸透が減少している状態の主に放置人工針葉樹林。本文（p 124 ～ 127）参照。
固着生物法	141	対象の表面に微生物を付着させて膜をつくり（生物膜法）、汚濁物質と取り除く方法。
後背湿地	111,144	氾濫原において、氾濫水中の微細な泥は遠方にまで運搬・堆積されるため広い泥地を形成するが、これは水はけが悪いと共に、湧水もあり、後背湿地と呼ばれる湿地や泥炭地となる。
再生産力	112,114,142 147	生物が、自己と同じ遺伝子組成を持つ次世代をうみ出すことを再生産といい、そのうみ出す力を再生産力という。
砕波帯	133,161	砕波とは、波が海岸に接近すると次第に波高が変化し、水深が波高に近づいた時点で前方へと崩れる現象で、砕波が起こる水域を砕波帯と呼ぶ。海岸変形や漂砂に大きな影響を与えている。
在来生物	114,120,156	それぞれの地域に古くから生育している生物。ただし、いつの時点からを在来生物とするか定義はなく、その都度便宜的に扱われている。
里山	110,114,115	集落とその周辺の、人の影響下で形成された生態系がある丘陵や山地地域。通常、雑木林や薪炭林などを含む人工林や二次林、畑地、水田、草地などが広がる中に小規模な集落が点在していた。
三角州 **Delta**	111,180	河川から流下する土砂が河口に堆積して出来る形状が三角形の地形。十分な土砂供給があり、河口が土砂を堆積出来る水底形態で、潮流による侵食が強過ぎない場合に形成される。
サンクチュアリ	28,203,205 211	自然保護区のこと。生態系や地形・地質・水源などを保全・涵養するために設けられる区域である。
自然堤防	111,154	氾濫原において、氾濫時流路から河川水が越流する過程で河道沿いに砂が堆積して出来る、周囲よりやや高い土手状の地形 (微高地ともいう)。周囲より乾燥し、氾濫時に水につかりにくいため、畑地や住居地として利用されることが多かった。
湿地	2,10,11,31 37,47,48,50 51,68,71,87 95,96,97,101 111,113,127 129,135,136 142,143,144 145,146,154 155,177,188 189,193,199 200,201,203 219,220,221 231,232,238 239,254,269	常に淡水や海水が冠水しているか、定期的に冠水する低地。湿原、湖沼、水田、ため池、干潟、マングローブ帯、藻場、サンゴ礁など多様なものが含まれる。水生生物や水辺生物やそれを餌とする動物などの重要な生育•生息、繁殖場所となる。
樹冠遮断	110	降雨が、樹冠の葉や枝などに付着し、地表面に達することなく、そのまま再蒸発する現象。
潮汐流	112,144	太陽と月の引力により発生する海面の昇降現象を潮汐といい、それによって引き起こされる海水の流れ。
食物連鎖（網）	122,142,153 158,164,165 178,254	対象空間の生物群集内で、捕食・被食関係に基づき、種間関係を表現する方法。この関係を図示すると網状になることから食物連鎖網という表現が用いられる。詳細は本文（p164 ～ 165）参照。
生物多様性	13,16,43,81 107,114,115 125,141,142 145,159,165 188,205,243 244,245,248 249,250,258 270	対象空間の細菌から高等生物までを含む全ての生物 (人とその完全管理下にある生物を除く) がどの程度多様であるかを見る語。一般的には生態系、種、遺伝的要素の 3 つの多様性レベルがあるとされる。これには、対象生物を取り巻く非生物的環境や人の在り方や活動の影響を強く受けるが、これに関する議論は殆どない。本文（p107）参照
生物濃縮	151	水に溶けている極めて低い濃度の物質が、食物連鎖網を通して次第に濃縮されていく現象で、時に極めて高濃度に濃縮される。
脊梁山脈	109	ある陸域を分断するように連なる山脈で、主要な分水嶺になるもの。
遷移	110,112,155	何らかの事象や生態系・生物群集などが経時的に別状の態に変化すること。いろいろな分野でそれぞれに適した意味で使用されることに注意。

索引・用語集

青潮	162	海底に堆積した汚染物質の影響で中・低層水が貧酸素状態になると嫌気性細菌が大量の硫化水素を生成するが、この水塊が湧昇すると硫化水素が大気中の酸素と反応し硫黄や硫黄酸化物の微粒子が形成されて乳青色に見える。これが青潮で、未酸化の硫化水素による独特の腐卵臭を伴う。夏季の東京湾中・低層では広範に貧酸素水塊が発達して無生物状態になるが、この時強い北寄りの風が吹くと千葉沿岸などで貧酸素水塊が湧昇して青潮になり、様々な漁業被害が発生する。
磯焼け	158	沿岸の藻場で海藻が減少・消失する現象で、全国的に発生している。それらを餌とするアワビやサザエ、ウニ等を始めとする多くの生物が減少し、沿岸漁業や沿岸生態系が大きな影響を受けている。指摘されている原因には自然環境の変化、人の活動の影響、生態系の変化などに関わる多岐にわたる現象がある。詳細は本文（p158）参照。
遺伝子組み換え	115	対象生物に異種生物の遺伝子を導入し、その遺伝子の機能を発現させること、またはその技術。
永久凍土	119,120	二冬とその間の一夏を含めた期間より長い期間にわたり、連続して凍結した状態の土壌。北半球の陸地の約 20%に及び、深いところでは数百 m に達する。これが地球温暖化等で溶解しつつあるが、溶解に伴い温暖化ガスであるメタンを大量に放出する。このため、このメタン放出で温暖化が更に加速される可能性が高い。
越流堤	135	洪水調節の目的で、一部の高さを低くした堤防。一定以上の水位になると、その低い部分から河川水を陸域に排出して洪水を防ぐ。
塩性後背湿地		干潟、特に前浜干潟を構成する基本要素の一つで、潮汐平底の陸側に広がるアシ（ヨシ）などの抽水植物が繁茂する湿地。満潮時にかなりの範囲が一時的に海水に覆われ、その表面を河川水が流れ、通常地下水湧出個所も多いなど、環境多様性とその変化速度が速い。この環境に適応した特異な多種の生物が棲んでいたが、殆どが埋め立てられるなどし、多くが十分な調査もなく絶滅している。
尾叉長	166,170	魚類の大きさを示す計測法の一つで、吻端から二叉した尾鰭中央のくぼみまでの長さ。
温室効果ガス／温暖化ガス	118,119,186	赤外線を吸収・再放出することで、大気内に熱を蓄積する働きのあるガス類。代表的なものに、二酸化炭素、メタン、一酸化二窒素、フロン類などがある。地球温暖化の主要原因。詳細は本文（p118）参照。
海岸浸食	130,133,160 161	砂浜海岸において、波浪や潮流等で流出する土砂量より、新たに流入・堆積する土砂量の方が少なくなり、結果的に海岸における土砂量が減少し、汀線が後退する現象。海底勾配が急傾斜化する現象を含むこともある。詳細は本文（p 130）参照。
回帰（魚）	24,31,42,43 46,58,71,92 99,103,104 167,168,169 170,171,221 222,224,225 228,229	生まれた川（母川）へ産卵の為に帰ってくること。またこの特性を持つ魚。
回遊（魚）	29,31,42,49 155,158,166 173,220,221 222,224,229	摂餌、産卵、越冬などを目的に、成長段階や季節の変化に対応して、決まった時期にほぼ決まったコースを辿る行動。また、この行動をとる魚類。
外来生物	114,155,156 163,164	人為的に他の地域から入ってきた生物。
河岸段丘 River terrace	111	浸食基準面の変動などにより、河川中・下流部で流路に沿って形成される階段状の地形で、平坦な部分を段丘面、段丘面間の急崖を段丘崖と呼ぶ。
環境影響調査 (環境アセスメント)	59,244	主に大規模開発時による環境への影響を、事前に調査し予測、評価を行う手続きのこと。地方自治体では条例によって、対象外とされる事業への実施を促したり、事後調査の義務付けをなどを有する独自の制度を定めている。
環境ホルモン	153	正式には内分泌攪乱物質といい、生物体の内分泌系に影響し、ホルモン作用をおこし、あるいは阻害する、外因性の化学物質。
慣行稲作	148	それぞれの時代で一般的に行われている稲作法であり、社会状況や技術等の発展などによりその内容は異なる。1960 年代以降は、耕運機、田植機、コンバイン等の様々な大型機械の使用、化学肥料と農薬類 (殺虫剤、殺菌剤、除草剤など) を多用することが特徴で、かつての高収穫を目指した稲作から、農村の過疎化や高齢化を背景にした省力化を目指している。
涵養	113,114,139 140,147	雨水や河川水などの地表水が地下浸透して地下水になること。
気候変動に関する政府間パネル（IPCC）	118	国際的な専門家による地球温暖化に関する科学的研究成果の収集、整理のための政府間機構。
汽水域 Brackish water area	112,155,159 173,191,192 193,238,239	汽水とは、淡水と海水の中間の塩分濃度の水で、汽水に覆われている水域を汽水域という。河口域とその周辺域（特に河川感潮域）、前浜干潟一帯、沿岸域の一部、入り口の狭い内湾などにみられる。実際には、陸水 (河川水や地下水) が流入あるいは湧出し海水と出会って形成されるが、塩分濃度や水温の異なる水塊はすぐには混合せず、異なる塩分濃度の水塊が接して存在する。潮汐流、波浪、沿岸流などで、変化が大きく激しい環境多様性により、独特な生態系の形成が見られる。
旧河道	111	氾濫原において、増水時河道は水勢により蛇行が進むと共に、容易に流路を変えるが、この変化前の流路の名残りである。自然堤防を伴うことが多い。

著者紹介

小松正之（こまつ　まさゆき）〔監修者〕

1953 年岩手県生まれ。東京財団上席研究員、一般社団法人生態系総合研究所代表理事、アジア成長研究所客員教授。1984 年米イェール大学経営学大学院卒。経営学修士（MBA）、2004 年東京大学農学博士号取得。

1977 年農林水産省に入省し水産庁に配属。資源管理部参事官、漁場資源課課長等、政策研究大学院大学教授を歴任。国際捕鯨委員会、ワシントン条約、国連食糧農業機関（FAO）などの国際会議、米国司法省行政裁判や国際海洋法裁判所、国連海洋法仲裁裁判所の裁判に出席。FAO 水産委員会議長、インド洋マグロ委員会議長、在イタリア日本大使館一等書記官、内閣府規制改革委員会専門委員を務める。日本経済調査協議会「第二次産業改革委員会」主査を務める。

＜著書＞

『国際マグロ裁判』（岩波新書）、『さかなはいつまで食べられるのか』（幻冬舎刊）、『日本人の弱点』（IDP 出版刊）、『世界と日本の漁業管理』（成山堂刊）、『国際裁判で敗訴！日本の捕鯨外交 』『海は誰のものか　東日本大震災と水産業の新生プラン』『築地から豊洲へ 世界最大市場の歴史と将来』（マガジンランド刊）、『森川海と人・2015 ～ 17 年気仙川・広田湾総合基本調査報告書』（一般社団法人生態系総合研究所）（共著）、『宮本常一とクジラ』『豊かな東京湾』『東京湾再生計画』『日本人とくじら 歴史と文化 増補版』（雄山閣刊）など。

望月賢二（もちづき　けんじ）

1946 年生まれ。1971 年東京大学農学部水産学科卒、1977 年東京大学大学院農学系研究科水産学専門課程博士課程修了。農学博士。東京大学総合研究資料館（現・博物館）文部教官助手、千葉県立中央博物館の自然史歴史研究部長・分館海の博物館長を経て、2005 年副館長で退職。水産庁希少水生生物保存対策試験事業海産魚類部会委員、環境庁自然環境保全基礎調査検討会身近な生き物分科会委員。千葉県環境調整検討委員会委員、市川二期・京葉港二期計画に関わる補足調査専門委員会委員長、三番瀬再生計画検討会議専門委員、一宮川および夷隅川の流域委員会委員。東京都葛西臨海水族園運営委員、浦安市環境審議会委員などを歴任。

＜著書＞

『日本産魚類大図鑑』（東海大学出版会・分担執筆）、『日本の希少淡水魚の現状と系統保存』（緑書房・分担執筆）、『東京湾再生計画』（雄山閣・分担執筆）など。

堀口昭蔵（ほりぐち　しょうぞう）

1961 年山形県生まれ。中央大学文学部卒。株式会社ライスアンドパートナーズ代表取締役。企業 PR に関わる広告コピー、シンボルロゴ、サイン、ウェブコンテンツ企画・制作などの数々の創作活動を行う。第 56 回全国カレンダー展にて経済産業省政策局長賞を受賞。

2009 年株式会社ライスアンドパートナーズを設立し、農産品サイト「月山屋」を開設。地方農業・漁業生産者と首都圏居住者を繋ぐ活動に力を注ぐ。

中村智子（なかむら　ともこ）

和歌山県新宮市生まれ。大阪外国語大学（現大阪大学）外国語学部卒業。青山学院大学国際政治経済学部大学院修士課程修了（国際政治学修士）。1983 年から在京オーストラリア大使館で商務公使事務所（現オーストレード）翻訳・通訳官、広報部翻訳・通訳ユニット主席翻訳・通訳官、農務部上席調査官として勤務。2017 年 34 年間勤務したオーストラリア大使館を退職後、小松正之氏のアシスタントとして現在に至る。

2019年 7 月25日　初版発行　《検印省略》

地球環境《ちきゅうかんきょう》　陸《りく》・海《うみ》の生態系《せいたいけい》と人《ひと》の将来《しょうらい》

監修者　小松正之

著　者　小松正之　望月賢二　堀口昭蔵　中村智子

発行者　宮田哲男

発行所　株式会社 雄山閣

〒 102-0071　東京都千代田区富士見 2-6-9

TEL　03-3262-3231 / FAX　03-3262-6938

URL　http://www.yuzankaku.co.jp

e-mail　info@yuzankaku.co.jp

振　替：00130-5-1685

印刷／製本　株式会社ティーケー出版印刷

ISBN978-4-639-02663-1

Printed in Japan N.D.C.302 C3030 288p 21cm